环境生态学

主　编　刘　慧　武　帆　谢　诗
副主编　高　远　李　岳　田艾迪　肖紫鸣

北京理工大学出版社
BEIJING INSTITUTE OF TECHNOLOGY PRESS

内容简介

环境生态学，是指以生态学的基本原理为理论基础，结合系统科学、物理学、化学、仪器分析、环境科学等学科的研究成果，研究生物与受人干预的环境相互之间的关系及其规律性的一门科学。环境生态学属于一门新兴学科，其产生的背景是人类赖以生存的地球环境不断恶化，全球气候变化、生物多样性丧失、生态系统退化及各种环境污染事件，严重威胁整个地球的生命系统。本教材以生态学的基本原理为理论基础，明确环境生态学与其他关联学科的关系，重点学习生物与环境、种群、群落和生态系统等有关基础概念和基本理论，研究重点是人类干扰下受损生态系统的变化机制以及恢复和保护策略，在经典生态学基本知识的基础上，重点考虑景观生态系统、退化生态系统、生态系统服务与对策、生态监测与生态环境风险评价等生态与环境密切相关的内容，并结合全球生态问题，研究生态系统服务及评价办法。

图书在版编目(CIP)数据

环境生态学 / 刘慧，武帆，谢诗主编. -- 北京 ：北京理工大学出版社，2024.4

ISBN 978-7-5763-3920-8

Ⅰ. ①环…　Ⅱ. ①刘… ②武… ③谢…　Ⅲ. ①环境生态学-高等学校-教材　Ⅳ. ①X171

中国国家版本馆 CIP 数据核字(2024)第 090299 号

责任编辑：王梦春　　文案编辑：邓　洁
责任校对：刘亚男　　责任印制：李志强

出版发行 / 北京理工大学出版社有限责任公司
社　　址 / 北京市丰台区四合庄路 6 号
邮　　编 / 100070
电　　话 / (010) 68914026（教材售后服务热线）
　　　　　(010) 68944437（课件资源服务热线）
网　　址 / http://www.bitpress.com.cn

版 印 次 / 2024 年 4 月第 1 版第 1 次印刷
印　　刷 / 涿州市新华印刷有限公司
开　　本 / 787 mm×1092 mm　1/16
印　　张 / 10.25
字　　数 / 223 千字
定　　价 / 75.00 元

前　言

党的二十大报告提出“深入推进环境污染防治”和“提升生态系统多样性、稳定性、持续性”。环境生态学是环境科学与生态学相互融合形成的一门学科，其产生的背景是人类赖以生存的地球环境不断恶化，全球气候变化、酸沉降、生物多样性丧失、生态系统退化、环境污染等生态环境问题越来越严重地威胁到整个地球生命系统。环境生态学以研究人为干扰的环境条件下生物与环境之间的相互关系为主要任务，以受损和退化生态系统作为研究对象，通过对环境变化所导致的生态系统结构和功能的变化机制和规律的研究，探索人类干扰活动对环境的影响效应，以寻求解决环境问题的生态学途径。

由于环境生态学理论基础之一的环境科学本身也是一门新兴学科，与其他新兴生态学分支学科相比，环境生态学在学科体系和内容框架上仍然不成熟，需要继续探索和逐步完善。目前，国内外与环境生态学相关的书籍越来越多，尤其是国内环境类专业普遍开设了环境生态学课程，新的教材不断涌现，客观上推动了环境生态学学科的发展。但教材普遍存在三个问题：其一，与其他生态学分支学科内容上交叉重叠过多；其二，环境科学的内容纳入过多，生态学基础知识纳入过少；其三，教材体系和内容编排上各式各样。究其原因，是编者所在院校的环境学科形成背景和课程体系设置的差异所致。环境学科基础深厚、课程体系健全的院校，与环境生态学相关的课程设置完善，故有些内容会简化很多；而没有设置这些相关课程的院校，则会在课程和教材中比较系统、全面地加以介绍。这些内容包括“污染生态学”“生态监测”“生态影响评价”“城市生态学”等。不少环境生态学教材中这些内容所占篇幅过大，而相对弱化了基础生态学的内容。如果是在环境学科发展比较完善的院校使用，由于以上内容都设有相关的课程，学生们就会感到重复的知识太多，而真正希望了解的生态学知识又不足；如果是在环境学科尚处于发展初期的院校使用，又会因为相关课程设置不够完善，将很多内容集中在这门课程里讲授，学生们同样会因为缺乏生态学的背景知识而对有些内容感到茫然。

基于以上问题的思考，本书落实“为党育人、为国育才”的初心使命，通过环境生态学的知识展示，引导学生学习理解生态环境建设的重要性，激发学生探索生态文明建设的热情，为培养新时代环境工程人才打下坚实基础。编写组反复讨论并几次修改大纲，最后本书形成以下特色：

1. 毫无疑问，环境生态学是环境科学与生态学交叉的产物，但归根结底是生态学的一门分支学科。因此，本教材在内容的设置上，考虑到环境类专业学生生态学相关基础知识缺乏的特点，仍然把基础生态学的内容做了较为系统的介绍，重点放在生物与环境、种群、群落和生态系统等有关基本概念和基本原理方面，没有弱化经典生态学的这部分内容。

2. 环境生态学的研究重点是人类干扰下受损生态系统的变化机制以及恢复和保护策略。在内容框架设置上，除了经典生态学的基础知识不可或缺之外，还重点考虑了景观生态系统、退化生态系统、生态系统服务与对策、生态监测与生态环境风险评价等生态与环境密切相关的内容。

本教材由刘慧（沈阳科技学院）、武帆（沈阳科技学院）、谢诗（沈阳科技学院）主持编写，并负责制订教材的编写大纲和内容框架，高远、李岳、田艾迪、肖紫鸣担任副主编，最后由刘慧统稿并定稿。

本教材在编写过程中参考了很多国内外生态学领域的著作和科研成果，在此向作者表示诚挚的敬意和感谢。

环境生态学尚处于不断充实和完善的阶段，尽管编者在教材内容和体系框架上都力求有所突破，但不足之处在所难免，恳请读者批评指正。

刘　慧

2023 年 11 月

目　录

第1章 绪论

1.1 生态学基础

1.1.1 生态学的概念

“生态学”（ecology）这个词是 Ernest Haeckel 于 1869 年首先使用的。根据 Haeckel 的定义，生态学可描述为“有机体和其环境之间相互作用的科学研究”。“ecology”这个词来自希腊语“oikos”，意思是“家”，因此“生态学”可理解为是关于生物体的“家庭生活”的研究。而同学们学英语的时候会发现，生态学与经济学（economics）有同一词根，词义上有共同点，所以，也将生态学称为自然经济学。

Krebs（1972）给出了一个相对明确的定义：“生态学是关于决定有机体分布和多度的相互作用的科学研究。”

因此，可理解为生态学是研究生物体，包括人类和它们的物理环境之间关系的学科。生态学从个体、种群、群落、生态系统和生物圈层面考虑生物。生态学与生物地理学、进化生物学、遗传学、动物行为学和自然史等学科密切相关。

1.1.2 生态学的职能

生态学在保护生物学、湿地管理、自然资源管理（农业生态学、农业、林业、农林复合经营、渔业、采矿、旅游）、城市规划（城市生态学）、社区卫生、经济学、基础和应用科学以及人类社会互动（人类生态学）等领域都有实际应用。

1.1.3 生态学的研究方法

归纳与演绎是生态学研究方法论的基本逻辑。生态学的研究方法主要分三类：野外调查、实验、数学模型。

自然界是生态学的天然实验基地，生态学的研究对象——小到基因大到群落，均与生存环境密不可分，生态现象影响因素众多，无法在实验室中全面再现。相反，在野外调查可以发现所有生态学现象和生态过程。

实验法来源于生态学的生理学传统，实验法根据其对实验检验因子的控制程度，可分为就地实验和控制实验。常用的就地实验是对研究群落进行补食、施肥、改变食物源、改变光照条件等，以观察该影响因子对种群或群落的动态影响和作用机制。而控制实验是人为建立模拟系统，以控制所有因子来检测目标因子的生态效应，人们较熟悉的人工水族箱即是其中一种。

随着计算机技术的长足发展，数学模型在各领域广泛应用，其优势在生态学研究中也体现出了巨大优势。建立数学模型推演计算结果，打破了传统方法空间和时间的局限性，降低了科研成本。

1.1.4 生态学理论的发展过程

生态学的形成和发展经历了一个漫长的历史过程，而且是多元起源的。概括地讲，大致可分为4个时期：生态学的萌芽时期、生态学的建立时期、生态学的巩固时期和现代生态学时期。

1.1.4.1 生态学的萌芽时期（公元16世纪以前）

从远古时代起，人们实际上就已经在积累生态学的知识，一些中外古籍中都有不少有关生态学知识的记载。早在公元前1200年，我国《尔雅》一书中就记载了176种木本植物和50多种草本植物的形态与生态环境。公元前200年《管子》“地员篇”专门论及水土和植物，记述了植物沿水分梯度的带状分布以及土地的合理利用。公元前100年前后，我国农历已确立二十四节气，它反映了作物、昆虫等生物现象与气候之间的关系。这一时期还出现了记述鸟类生态的《禽经》，记述了不少动物行为。在欧洲，亚里士多德（Aristotle，公元前384年—公元前322年）按栖息地把动物分为陆栖、水栖两大类，还可以按食性分为肉食、草食、杂食及特殊食性4类。亚里士多德的学生古希腊著名学者Theophrastus（公元前370年—公元前285年）在其著作中曾经根据植物与环境的关系来区分不同树木类型，并注意到动物色泽变化是对环境的适应。但上述古籍中没有生态学这一名词，那时也不可能使生态学发展成为独立的科学。

1.1.4.2 生态学的建立时期（公元17—19世纪）

进入17世纪之后，随着人类社会经济的发展，生态学作为一门科学开始成长。例如，1735年法国昆虫学家Reaumur发现，就一个物种而言，发育期间的气温总和对任个一物候期都是一个常数，被认为是研究积温与昆虫发育生理的先驱；1792年德国植物学家C. L. Willdenow在《草学基础》一书中详细讨论了气候、水分与高山深谷对植物分布的影响；A. Humboldt于1807年用法文出版《植物地理学知识》一书，提出“植物群落”“外貌”等概念，并指出“等温线”对植物分布的意义；1855年Al. deCandolle将积温引入植物生态学，为现代积温理论打下了基础；1859年达尔文的《物种起源》发表，促进了生物与环境关系的研究；1866 年 Haeckel 提出 ecology 一词，并首次提出了生态学定义；丹麦植物学家 E. Warming 于1895 年发表了他的划时代著作《以植物生态地理为基础的植物分布学》，1909 年出版英文版本，改名为《植物生态学》(*Ecology of Plants*)，1898 年波恩大学教授 A. F. W. Schimper 出版《以生理为基础的植物地理学》，这两本书全面总结了 19 世纪末叶之前生态学的研究成就，被公认为生态学的经典著作，标志着生态学作为一门生物学的分支科学的诞生。

1. 1. 4. 3　生态学的巩固时期（20 世纪初—50 年代）

这一时期，动物种群生态学取得了一些重要的发现并得到了迅速的发展，如 Peral（1920）和 Read（1920）对 logistic 方程的再发现，这个方程是描述种群数量变化的最基本方程；Lotka（1925）和 Volterra（1926）分别提出了描述两个种群间相互作用的 Lotka—Volterra 方程；C. Elton（1927）在《动物生态学》一书中提出了食物链、数量金字塔、生态位等非常有意义的概念；Lindeman（1942）提出了生态系统物质生产率的渐减法则。植物群落生态学方面有了很大的发展，一些学者如 Clements（1938）、Whittaker（1953）、Tansley（1954）等先后提出了顶极群落、演替动态、生物群落类型等重要概念，对生态学理论的发展起到了重要的推动作用。同时，由于各地自然条件不同，植物区系和植被性质差别甚远，在认识上和工作方法上也各有千秋，形成了不同的学派。如以英国的 A. G. Tansley 和美国的 F. D. Clements 为代表的英美学派，以法国的蒙彼利埃（Montpellier）大学和瑞士的苏黎世（Zürich）大学为中心的法-瑞学派，以瑞典乌普萨拉（Uppsala）大学 Rietz 为代表的北欧学派和以 V. N. Sukachev 院士为代表的苏联学派。在这个时期内，动、植物生态学分别有较大的发展，被称为动、植物生态学并行发展的阶段。

1. 1. 4. 4　现代生态学时期（20 世纪 50 年代—现在）

20 世纪 50 年代以来，人类的经济和科学技术获得了史无前例的飞速发展，既给人类带来了进步和幸福，也带来了环境、人口、资源和全球变化等关系到人类自身生存的重大问题。在解决这些重大社会问题的过程中，生态学不仅与生理学、遗传学、行为学、进化论等生物学各个分支领域相互促进，并且与数学、地学、化学、物理学等自然科学相互交叉，甚至超越自然科学界限，与经济学、社会学、城市科学相互结合，生态学成了自然科学和社会科学相接的真正桥梁之一。

传统生态学的研究对象主要是有机体、种群、群落和生态系统几个宏观层次，现代生态学研究对象则向微观和宏观两极多层次发展，从微观的分子生态、细胞生态，到宏观的景观生态、区域生态、生物圈或全球生态。生态学研究的国际化趋势越来越显著。如 20 世纪 60 年代的 IBP（国际生物学计划），70 年代的 MAB（人与生物圈计划），以及现在正在执行中的 IGBP（国际地圈生物圈计划）和 DIVERSITAS（生物多样性计划）。

这一时期，生态学在理论和应用上都取得了显著的进展。

在理论方面，生理生态向宏观方向发展的同时，由于分子生物学、生物技术的兴起，促使其也向着细胞、分子水平发展。种群生态学发展迅速，德国的 Lorens（1950）和 Tinbergen（1951，1953）在行为生态学的研究方面获得了诺贝尔奖，把这一领域的研究推向了新阶段。Harper（1977）的巨著《植物种群生物学》，突破了植物种群研究上的难点，发展了植物种群生态学。群落生态学由描述群落结构，发展到数量生态学，包括排序和数量分类，并进而探讨群落结构形成的机理。德国 Knapp（1974）主编的《植被动态》，全面论述了植被的动态问题，促进了植被动态的研究，进一步完善了演替理论。Whittaker（1978）编著的《植物群落分类》和主编的《植物群落排序》，以及加拿大 Pielou（1984）所著的《生态学数据的解释》等著作，强调了植被的“连续性”概念，采用数理统计、梯度分析和排序来研究群落的分类和演替，尤其是电子计算机的应用，使植物群落生态学的研究进入了数量化、科学化的新阶段。生态系统生态学在现代生态学中占据了突出地位，E. P. Odum 的《生态学基础》(1953，1959，1971，1983)，对生态系统的研究产生了重大影响。

H. Odum 和 Hutchinson（1970）分别从营养动态概念着手，进一步开拓了生态系统的能流和能量收支的研究。美国 Shugart 和 Neil（1979）的《系统生态学》，以及 Jefers（1978）的《系统分析及其在生态学上的应用》等著作，应用系统分析方法研究生态系统，使生态系统的研究在方法上有了新的突破，从而丰富和发展了生态学的理论。

在应用方面，应用生态学的迅速发展是 20 世纪 70 年代以来的另一个趋势，它是联结生态学与各门类生物生产领域和人类生活环境与生活质量领域的桥梁和纽带。有两个重要的发展趋势：一是经典的农、林、牧、渔各业的应用生态学由个体和种群的水平向群落和生态系统水平的深度发展，如对所经营管理的生物集群注重其种间结构配置、物流、能流的合理流通与转化，并研究人工群落和人工生态系统的设计、建造和优化管理等；二是由于全球性污染和人类对自然界的控制管理的宏观发展，如人类所面临的人口、食物保障、物种和生态系统多样性、工业及城市问题等方面的挑战，应用生态学的焦点已集中在全球可持续发展的战略战术方面。

1.2 环境生态学及其具体内容

随着人为干扰环境的广泛存在（如人工林、麦田、粮店、自然保护区等），人类活动对自然界造成影响（如污染、过度利用、全球气候变化等）的日益加剧，我们对自然界的影响如此广泛，以至于我们很难在地球上再找到没有被人类活动所影响的地方。环境问题的突显，亟须应用生态学的理论基础解决环境问题，一个可持续发展的未来主要取决于我们对生态问题的理解和在不同情境下我们的预测能力或生产能力。环境生态学应运而生。

1.2.1 环境生态学的概念

环境生态学是依据生态学理论，按照生态学的学术视野研究和解决环境问题的新兴学科，是环境科学与生态学之间的交叉学科，是生态学的重要应用学科之一。

环境生态学（environmental ecology）是研究人为干扰的环境条件下，生态系统结构内在的变化机制和规律、生态系统功能的响应，寻求因人类活动的影响而受损的生态系统的恢复、重建、保护的生态学对策，即运用生态学理论，阐明人与环境之间的相互作用及解决环境问题的生态途径的科学。

1.2.2 环境生态学的形成与发展

环境生态学成为一门独立的科学始于20世纪五六十年代，随着全球性环境问题日益严重，如全球性气候变化、酸雨、臭氧层破坏、荒漠化扩展、生物多样性减少等带来的环境不断破坏、资源日益衰竭的严重生态危机，使全球环境和生态系统失衡。1972年，罗马俱乐部发表了著名的研究报告——《增长的极限》。1972年，联合国在瑞典首都斯德哥尔摩召开人类环境会议，通过了《联合国人类环境会议宣言》。1980年3月5日，国际自然及自然资源保护联合会公布了《世界自然资源保护大纲》。这些会议和活动表明环境问题已成为当代世界上一个重大的社会、经济、技术问题。特别是随着社会、经济的发展，环境污染正以一种新的形态在发展。人类开始认识到地球的环境是脆弱的，各种资源也不是取之不尽的；环境被破坏、资源被过度利用以后是很难恢复的，必须依赖生态学原理和方法，维护人类赖以生存的环境和可持续利用各种自然资源，这就是环境生态学产生的基础。

20世纪60年代初，美国海洋生物学家R. Carson的名著《寂静的春天》的出版对环境生态学的发展起到了极大的推动作用。该书描述了使用农药造成的严重污染，阐明了污染物在环境中的迁移转化，初步揭示了污染对生态系统的影响机制，阐述了人类同大气、海洋、河流、土壤及生物之间的密切关系。这些论述有力地促进了生态系统与现代环境科学的结合。这一时期，人类活动对环境影响的认识也更加深入，如《人类与环境》(Arvill，1967)、《我们生态危机的历史根源》(White，1967)、《人口炸弹》(Ehrlich，1968)、《人类对环境的影响》(Detewuler，1971）等论述有关人类活动对环境影响的著作相继出版，使人们认识到人类活动是如何影响地球表面大气圈、水圈、土壤—岩石圈和生物圈的自然过程的。

20世纪70—80年代是环境生态学的迅速发展时期。W. Barbara等在1972年出版的《只有一个地球》中，从整个地球的发展前景出发，从社会、经济和政治的不同角度，论述了经济发展和环境污染对不同国家产生的影响，指出人类所面临的环境问题，呼吁各国重视维护人类赖以生存的地球。该书的出版对环境生态学的发展起到了重要的作用。这一时期国际上出版了一系列有影响的环境生态学方面的专著，如《人口、资源、环境——人类生态学的课题》(Ehrlich，1972)、《应用生态学原理》(Remade，1974)、《环境、资源、污染和社会》(Murdock，1975)、《生态科学：人口、资源和环境》(1977)、《环境生态学：生物圈、生态系统和人》(Anderson，1980)、《受害生态系统的恢复过程》(Carins，1980)等。1987年，福尔德曼（Bill Freedman）发表了第一部详细的综合教科书《环境生态学》，标志着环境生态学的学科框架基本形成。

1.2.3 环境生态学的主要研究内容

1.2.3.1 自然生态系统保护和管理利用的理论与方法

各类生态系统在生物圈中执行着不同的功能，被破坏后所产生的生态后果也有所不同，如水土流失、土地沙漠化、盐碱化等。环境生态学要研究各类生态系统的结构、功能、保护、管理和合理利用的途径与对策，探索不同生态系统的演变规律和调控技术，为防治人类活动对自然生态系统的干扰、有效地保护自然资源、合理利用资源提供科学依据。

1.2.3.2 退化生态系统的机理以及恢复与重建技术

在人类干扰和自然干扰的影响下，很多生态系统处于退化状态。退化生态系统的恢复与重建是将环境生态学理论应用于生态环境建设的一个重要方面，应该重点研究人类活动与自然干扰造成各类生态系统退化的机理，探讨在遵循自然规律的基础上，通过人类的作用，根据技术上适当、经济上可行、社会上能够接受的原则，恢复与重建自然生态系统的途径和技术方法，使受损或退化的生态系统重新获得有益于人类生存与发展的功能。

1.2.3.3 人为干扰下受损生态系统内在的变化机制和规律

自然生态系统受到人为的外界干扰后，将会产生一系列的反应和变化。研究人为干扰对生态系统的生态作用、系统对干扰的生态效应及其机制和规律是十分重要的。其主要包括各种污染物在各类生态系统中的行为、变化规律和危害方式，人为干扰的方式和强度与生态效应的关系等问题。生态系统受损程度的判断是环境生态学研究的重要任务之一，生态监测是必要的基础和手段，也是分析生态系统中环境干扰效应的程度和范围的技术途径。

1.2.3.4 解决环境污染防治的生态学对策与技术途径

环境污染防治主要是解决从污染发生、发展直至消除的全过程中存在的有关问题和防治的种种措施，其最终目的是保护和改善人类生存发展的生态环境。根据生态学的理论，结合环境问题的特点，采取适当的生态学对策并辅以其他方法手段或工程技术来改善和恢复恶化的环境，是环境生态学的研究内容之一，如研究治理水体、土壤、大气污染的生态技术，各种废物处理和资源化的生态技术；研究生态工程技术，探索自然资源利用的新途径；研究生态系统科学管理的原理和方法等。

1.2.3.5 生态规划手段与区域生态环境建设模式

生态规划主要是以生态学原理为理论依据，对某地区的社会、经济、技术和生态环境进行全面综合规划，调控区域社会、经济与自然生态系统及其各组分的生态关系，以便充分、有效、科学地利用各种资源条件，促进生态系统的良性循环，使社会、经济持续稳定地发展。生态规划是区域生态环境建设的重要基础和实施依据。区域生态环境建设是根据生态规划，解决人类当前面临的生态环境问题，建设更适合人类生存和发展的生态环境的合理模式。

1.2.3.6 不同尺度上生物多样性保护与管理方法

生物多样性是维持基本生态过程和生命系统的物质基础，生物多样性的监测与管理是环境生态学需要关注和研究的，包括种群和物种水平上的保护、群落和生态系统水平上的保护以及景观尺度上的保护。生态安全是指生物个体或生态系统不受侵害和破坏的状态。生态安全取决于人与生物之间、不同生物之间的平衡状况。生物多样性是生态安全的重要组成部分，生物多样性的丧失，特别是基因和物种的丧失，对生态安全的破坏将是致命和无法挽回的，其潜在的经济损失是无法计算的。

1.2.3.7 全球性生态环境问题监测与应对策略

全球性生态环境问题严重威胁着人类的生存和发展，如臭氧层破坏、温室效应、全球变化等，产生的根本原因是人类对大自然的不合理开发和破坏。因此，要在监测全球生态系统变化的基础上，研究全球变化对生物多样性和生态系统的影响、生存环境历史演变的规律、敏感地带和生态系统对环境变化的反应、全球环境变化及其与生态系统相互作用的模拟；建立适应全球变化的生态系统发展模型；提出减缓全球变化中自然资源合理利用和环境污染控制的对策与措施。

1.2.4 环境生态学的研究方法

环境生态学的研究方法基本沿袭了传统生态学的方法，并随着计算机、卫星遥感、地理信息系统、同位素、分子生物学技术、自动测试技术、受控实验生态系统装置以及其他分析测试技术的发展，不断推进环境生态学的研究手段，如计算机技术在生态系统资料、数据处理中有极其重要的作用，生态系统的复杂规律必须在现代计算机技术手段下才能得以充分地揭示；对于环境治理、资源合理利用、全球环境变化等复杂问题也只有利用计算机模拟才能解决，如预测系统行为及提出最佳方案等问题。遥感、航测和地理信息系统则频繁地用于资源探测、环境污染监测，如用近红外和可见光谱的遥测数据计算出来的归一化植被指数（ND-VI）预测生态系统的初级生产量。生态模拟技术则是另一类受到重视的新技术，如 2014 年丹麦的吉夫斯库动物园被打造成了一个动物自由且游客体验好的环境人工生态系统。现代环境生态问题的研究需要范围更大、分辨率更高的遥感技术，更精密的化学分析技术，稳定性同位素和分子生物学技术，地理信息系统技术在合理准确地模拟生态系统服务的各项功能及其权衡的研究中起到了重要作用。

第2章 生物与环境

2.1 生物与环境的关系

2.1.1 生物、环境的概念

对于生物，我们都非常熟悉，花、草、树木、动物构成了丰富多彩的世界。为了对生物进行分类和识别，动植物学家常按照一定的标准将生物个体归为不同的物种，而这个标准却存在不同的认识。一般认为物种是由内在因素（生殖、遗传、生理、生态、行为）联系起来的个体的集合，是自然界中一个基本进化单位和功能单位。

在生命的漫长历史中，物种的分化是生物对环境异质性的适应结果。这种适应可称为某环境对生物的祖先提供了能影响其生活的自然选择压力，从而塑造了该物种的进化。

因此，环境可以理解为某一特定生物体或生物群体以外的空间，以及直接或间接影响该生物体或生物群体生存与发展的各种因素。环境总是针对某一特定主体或中心而言，是一个相对的概念，离开了这个主体或中心也就无所谓环境，因此环境只具有相对的意义。在生态学中，生物是主体，环境是指生物的栖息地以及直接或间接影响生物生存和发展的各种因素。在环境科学中，人类是主体，环境是指围绕着人类的空间以及直接或间接影响人类生活和发展的各种因素的总体。

环境是一个非常复杂的体系，至今尚未形成统一的分类系统。根据环境的性质划分，可将环境分成自然环境、半自然环境（被人类破坏后的自然环境）和社会环境3类。根据环境的主体划分，一种是以人为主体，其他的生命物质和非生命物质都被视为环境要素，这类环境称为人类环境，也就是环境科学中所说的环境；另一种是以生物为主体，生物体以外的所有自然条件称为环境，这类环境称为生物环境，也就是生态学中所说的环境。生物环境又可以依据环境范围的大小分成大环境、微环境和内环境。大环境是指宇宙环境、地球环境和区域环境。大环境的气象条件称为大气候，是指离地面1.5 m以上的气候，包括温度、降水、相对湿度、日照等，由太阳辐射、大气环流、地理纬度、距海洋远近等大范围因素所决定，基本不受局部地形、植被、土壤的影响。微环境是指生物的特定栖息地，微环境中的气象条件称为小气候，由于受局部地形、植被和土壤类型的影响而与大气候有极大的差别。微环境直接影响到生物的生活，生物群落的镶嵌性就是微环境作用的结果。内环境指生物体内组织或细胞间的环境，对生物体的生长和繁育具有直接的影响。例如，叶片内部直接和叶肉细胞接触的气腔、气室、通气系统，都是形成内环境的场所。内环境对植物有直接的影响，并且不能为外环境所代替。

2.1.2 环境对生物的影响

总体上说，环境对生物的影响可以从时间维度到空间维度。例如，水陆条件隔绝、大陆漂移、气候变化等方面。

从生物受影响的角度，可以影响生物的生长、发育、繁殖和行为；影响生物的生育力和死亡率，导致生物种群的数量变化；某些生态因子能够限制生物的分布区域，例如，热带动植物不能在北半球的北方生活，主要是受低温的限制。环境条件恶劣变化时，会导致生物的生长发育受阻甚至死亡。

生物也不是消极地对待环境的作用，它们可以从自身的形态、生理、行为等多方面进行调整，在不同的环境中产生不同的适应性变异，以适应环境的变化。适应（adaptation）具有许多不同的含义，但主要是指生物对其环境压力的调整过程。生物对环境的适应分为基因型适应和表现型适应。基因型适应发生在进化过程中，其调整是可遗传的，如生活在欧洲的一种淡水鱼——欧鲈，随着气温由南到北逐渐变冷，它的繁殖方式也由南方的一年之中连续产卵变成一年产一次卵，以适应环境的温度变化，并形成遗传固有性特征。

表现型适应则发生在生物个体上，是非遗传的。表现型适应包括可逆的和不可逆的表现型适应两种类型。许多动物能够通过学习来适应环境的改变，它们不但能够通过学习什么食物最有营养、什么场所是最佳隐蔽地等，来调整对环境改变的反应，而且能够学习如何根据环境的改变来调整自己的行为。学习基本上是属于不可逆的表现型适应，尽管动物会忘记或抑制已经学到的行为，但是，学习所产生的内在改变是永久的，这种内在改变只能被随后的学习所修改。

可逆的表现型适应涉及一些有助于生物适应当地环境的生理过程。这些生理过程既有气候驯化的缓慢过程，也有维持稳态的快速生理调节。所谓气候驯化，是指在自然条件下，生物对多个生态因子长期适应以后，其耐受范围发生可逆的改变。大多数动物都能够通过快速的生理应答（如哺乳类动物的流汗）或通过行为应答（如寻找合适的阴凉处）来适应环境温度的改变。

适应可以使生物对生态因子的耐受范围发生改变。自然环境的多种生态因子是相互联系、相互影响的。因此，对一组特定环境条件的适应也必定会表现出彼此之间的相互关联性，这一套协同的适应特性就称为适应组合（adaptive suites）。沙漠中生活的骆驼就是对沙漠环境进行适应组合的最好例子，骆驼能够高度浓缩尿液、干燥粪便以减少水分丧失，在清晨取食含有露水的植物嫩叶或多汁植物以获取水分，能够忍受使体重减少25%~30%的脱水，耐受外界较大的昼夜温差以减少失水等。

为了研究环境对生物的影响，引入环境因子的概念，环境因子（environmental factor）

是指生物有机体外部对生物有机体生活和分布有影响的所有环境要素，具有综合性和可调剂性的特点。

美国科学家 R. F. Daubenmire（1947）将环境因子分为 3 大类：气候类、土壤类和生物类；7 个并列的项目：土壤、水分、温度、光照、大气、火和生物因子，这是以环境因子特点为标准进行分类的代表。

Dajoz（1972）依据生物有机体对环境的反应和适应性进行分类，将环境因子分为第一性周期因子、次生性周期因子及非周期性因子。

Gill（1975）将非生物的环境因子分为 3 个层次：第一层，植物生长所必需的环境因子（例如温、光、水等）；第二层，不以植被是否存在而发生的、对植物有影响的环境因子（例如风暴、火山爆发、洪涝等）；第三层，存在与发生受植被影响，反过来又直接或间接影响植被的环境因子（例如放牧、火烧等）。

2.2 生态因子概述

2.2.1 生态因子的概念

生态因子（ecological factors）是指环境中对生物生长、发育、生殖、行为和分布有直接或间接影响的环境要素，如光照、温度、湿度、氧气、二氧化碳、食物和其他相关生物等。生物生存所不可缺少的各类生态因子，又统称为生物的生存条件，如二氧化碳和水是植物的生存条件，食物和氧气则是动物的生存条件。所有生态因子构成生物的生态环境，特定生物个体或群体的栖息地的生态环境称为生境（habitat），其中包括生物本身对环境的影响。生态因子和环境因子是两个既有联系又有区别的概念。

2.2.2 生态因子的分类

2.2.2.1 按性质分类

生态因子的数量很多，依其特征可以简单地分为非生物因子和生物因子，非生物因子包括气候、土壤和地形 3 类相关的理化因子；生物因子包括各种生物之间以及生物与人类之间的相互关系。通常根据生态因子的性质归纳为并列的 5 类。

1. 气候因子

气候因子包括各种主要的气候参数，如温度、湿度、光、降水、风、气压和雷电等。

2. 土壤因子

土壤因子主要指土壤的各种特性，包括土壤结构、土壤有机物和无机成分的理化性质及土壤微生物等。

3. 地形因子

地形因子是指各种对植物的生长和分布有明显影响的地表特征，如地面的起伏、海拔、高度、坡向等。

4. 生物因子

生物因子是指生物之间的各种相互关系，如捕食、寄生、竞争和互惠共生等。

5. 人为因子

把人为因子从生物因子中分离出来是为了强调人类作用的特殊性和重要性。人类的活动对自然界和其他生物的影响已经越来越大且越来越具有全球性，分布在地球各地的生物都直接或间接受到人类活动的巨大影响。

2.2.2.2 按影响类型分类

Smith（1953）根据生态因子对生物种群的数量变动的作用，也将其分为密度制约因子（density dependent factor）和非密度制约因子（density independent factor）。前者如食物、天敌等生物因子，其对生物的影响随着种群密度而变化，对种群数量有调节作用；后者如温度、降水等气候因子，对生物的影响不随种群密度而变化。

2.2.3 生态因子作用的一般特征

1. 综合作用

环境中各种生态因子不是孤立存在的，每一个生态因子都在与其他因子的相互影响、相互制约中起作用，任何一个单因子的变化，都会在不同程度上引起其他因子的变化，从而对生物产生综合作用。例如，光强度的变化必然会引起大气及土壤温度和湿度的改变，而这些因素共同对生物产生影响，这就是生态因子的综合作用。

2. 主导因子作用

对生物起作用的诸多因子是非等价的，其中有一种或一种以上对生物生长发育起决定性作用的生态因子，称为主导因子。主导因子的改变常会引起许多其他生态因子发生明显变化或使生物的生长发育发生明显变化。例如，光合作用时，光照强度是主导因子，温度和二氧化碳为次要因子；春化作用时，温度为主导因子，湿度和通气条件是次要因子。

3. 直接作用和间接作用

区分生态因子的直接作用和间接作用对认识生物的生长、发育、繁殖及分布都很重要。环境中的地形因子，其起伏程度、坡向、坡度、海拔及经纬度等对生物的作用不是直接的，但它们能影响光照、温度、雨水等因子的分布，因而对生物产生间接作用；光照、温度、水分、二氧化碳、氧等则对生物类型、生长和分布起直接作用。

4. 阶段性作用

生物在生长发育的不同阶段往往需要不同的生态因子或生态因子的不同强度，某一生态因子的有益作用常常只限于生物生长发育的某一特定阶段。因此，生态因子对生物的作用具有阶段性。例如，光照长短在植物的春化阶段并不起作用，但在光周期阶段则很重要；低温在植物的春化阶段必不可少，但在其后的生长阶段则不重要，甚至有害。

5. 不可代替性和补偿作用

环境中的各种生态因子虽非等价，但各有其重要性，一个因子的缺失不能由另一个因子来替代，尤其是作为主导作用的因子，因而总体上说生态因子是不可代替的。但某一因子的数量不足，可以依靠相近因子的加强而得到补偿。例如，光照强度减弱所引起的光合作用下降，可以依靠二氧化碳浓度的增加得到补偿。但生态因子的补偿作用只能在一定范围内做部分补偿，并且因子之间的补偿作用也不是经常存在的。

2.3 生态因子研究的一般原理

2.3.1 利比希最小因子定律

1840 年，德国农业化学家利比希（Liebig）研究土壤与植物关系时，发现作物的产量并非经常受到大量需要的营养物质（如二氧化碳、水）的限制，而却受到土壤中一些微量元素（如硼、镁、铁等）的限制。因此，他提出："植物生长取决于处在最少量状况下的营养物的量。"其基本内容是：低于某种生物需要的最小量的任何特定因子，是决定该种生物生存和分布的根本元素。进一步研究表明，这个理论也适用于其他生物种类或生态因子。这个论点被后人称为利比希最小因子定律（Liebig's law of minimum）。

之后，有不少学者对利比希最小因子定律进行了补充。美国生态学家 E. P. Odum（1973）建议对此定律做两点补充：①这一定律只适用于稳定状态，即能量和物质的流入和流出处于平稳的情况下才适用。不稳定状态下，各种营养物的存在量和需求量会发生变化，很难确定最小因子。②要考虑生态因子之间的替代作用。如光照强度不足时，二氧化碳浓度的提高可起到部分补偿作用，使光合作用强度有所提高。因而，最小因子并不是绝对的。

2.3.2 谢尔福德耐受性定律

1913 年，美国生态学家谢尔福德（V. Shelford）进一步发展了利比希最小因子定律，在此基础上提出了谢尔福德耐受性定律（Shelford's law of tolerance），即任何一个生态因子在数量或质量上不足或过多，达到或超过某种生物的耐受限度时，就会导致该种生物衰退或不能生存。

许多学者在谢尔福德研究的基础上对耐受性定律做了补充和发展，概括如下：

（1）生物对各种生态因子的耐性幅度有较大差异，生物可能对一种因子的耐性很广，而对另一种耐性很窄。

（2）自然界中，生物并不都在最适环境因子的范围生活，对所有因子耐受范围都很广的生物，分布也广。

（3）当一个物种的某个生态因子不是处在最适度状况时，另一些生态因子的耐性限度将会下降。如土壤含氮量下降时，草的抗旱能力也下降。

（4）自然界中生物之所以不在某一个特定因子的最适范围内生活，其原因是种群的相互作用（如竞争、天敌等）和其他因素妨碍生物利用最适宜的环境。

繁殖期通常是一个临界期，此期间环境因子最可能起限制作用。繁殖期的个体、胚胎、幼体的耐受限度要窄得多。

2.3.3 生态幅

谢尔福德耐受性定律中把最低量因子和最高量因子相提并论，即每一种生物对任何一种生态因子都有一个耐受范围，这个耐受范围就称作该种生物的生态幅（ecological amplitude）。由于长期自然选择的结果，自然界的每个物种都有其特定的生态幅，这主要取决于物种的遗传特性。

生态学中常常使用一系列名词以表示生态幅的相对宽度。英文字首“sten”为狭窄之意，而“eury”为广的意思。上述字首与不同因子配合，就表示某物种对某一生态因子的适应范围。例如，窄食（stenophagic）、窄温（stenothermal）、窄水（stenohydric）、窄盐（stenohaline）、窄栖（stenoeciou）等；广食（euryphagic）、广温（eurythermal）、广水（euryhydric）、广盐（euryhaline）、广栖（euryoeciou）等。

当生物对某一生态因子的适应范围较宽，而对另一生态因子的适应范围很窄时，生态幅常常为后一生态因子所限制。在生物的不同发育时期，它对某些生态因子的耐性是不同的，物种的生态幅往往取决于它临界期的耐受限度。通常生物繁殖期是一个临界期，环境因子最易起限制作用，从而使生物繁殖期的生态幅比营养期要窄得多。在自然界，生物种往往并不分布于其最适生境范围，主要是因为生物间的相互作用，妨碍它们去利用最适宜的环境条件，因此生理最适点与生态最适点常常是不一致的。

2.3.4 限值因子

目前，生态学家将最小因子定律和耐受性定律结合起来，提出了限制因子（limiting factor）的概念，即当生态因子（一个或相关的几个），接近或超过某种生物的耐受性极限而阻止其生存、生长、繁殖、扩散或分布时，这些因子就称为限制因子。

限制因子的概念非常有价值，它成为生态学家研究复杂生态系统的敲门砖，指明了生物的生存与繁衍取决于环境中各种生态因子的综合。也就是说，在自然界中，生物不仅受制于最小量需要物质的供给，而且受制于其他的临界生态因子。生物的环境关系非常复杂，在特定的环境条件下或对特定的生物体来说，并非所有的因子都同样重要。如果一种生物对某个生态因子的耐受范围很广，而这种因子又非常稳定、数量适中，那么这个因子不可能是限制因子。相反，如果某种生物对某个因子的耐受限度很窄，而这种因子在自然界中又容易变化，那么这个因子就很可能是限制因子。比如在陆地环境中，氧气丰富而稳定，对陆生生物来说就不会成为限制因子；而氧气在水体中含量较少，且经常发生波动，因此对水生生物来说就是一个重要的限制因子。

2.3.5 生物内稳态及耐受限度的调整

内稳（homeostasis）即生物控制自身的体内环境使其保持相对稳定，是进化发展过程中形成的一种更进步的机制，它或多或少能够减少生物对外界条件的依赖性。具有内稳态机制的生物借助于内环境的稳定而相对独立于外界条件，大大提高了生物对生态因子的耐受范围。

生物内稳态是以其生理和行为为基础的。例如，哺乳类动物都具有多种温度调节机制以维持体温的恒定，当环境温度在20~40 ℃的范围内变化时，它们能维持体温在37 ℃左右，表现出一定程度的恒温性（homeothermy），因此哺乳类动物能在很大的温度范围内生活。恒温动物主要是靠控制体内产热的生理过程调节体温，而变温动物则主要靠减少热量散失或利用环境热源使身体增温，这类动物主要是靠行为来调节自己的体温，如沙漠蜥蜴依靠晒太阳等几种行为方式来间接改变体温，耐受范围较恒温动物要窄很多。除调节自身体温的机制以外，许多生物还可以借助渗透压调节机制来调节体内的盐浓度，或调节体内的其他各种状态。

虽然维持体内环境的稳定性是生物扩大环境耐受限度的一种重要机制，但是内稳态机制只能使生物扩大耐受范围，使自身成为一个广适应性物种（eurytopic species），不能完全摆脱环境所施加的限制，因为扩大耐受范围不可能是无限的。Putman（1984）根据生物体内状态对外界环境变化的反应，把生物分为内稳态生物（homeostatic organisms）与非内稳态生物（non-homeostatic organisms）。它们之间的基本区别是控制其耐性限度的机制不同，非内稳态生物的耐性限度仅取决于体内酶系统在什么生态因子范围内起作用；而对内稳态生物而言，其耐性范围除取决于体内酶系统的性质外，还有赖于内稳态机制发挥作用的大小。

生物对于生态因子的耐受范围并不是固定不变的，通过自然驯化或人工驯化可在一定程度上改变生物的耐受范围，使其适宜生存的范围扩大，形成新的最适度，去适应环境的变化。这种耐受性的变化是通过酶系统的调整来实现的，因为酶只能在特定的环境范围内起作用，并决定生物的代谢速率与耐受性限度，所以驯化过程是生物体内酶系统改变的过程。例如，把同一种金鱼长期饲养在两种不同温度下，它们对温度的耐受性限度与生态幅就会发生明显的变化。

2.4 各生态因子的生态作用及生物的适应

2.4.1 光因子的生态作用及生物的适应

光是太阳的辐射能以电磁波的形式投射到地球表面的辐射线，是所有生物得以生存和繁衍的最基本的能量源泉，地球上生物生活所必需的全部能量都直接或间接地源于太阳光。光本身也是一个复杂的环境因子，太阳辐射的强度、质量及其周期性变化对生物的生长发育和地理分布有深刻的影响，而生物本身对这些变化的光因子也有极其多样的反应。

2.4.1.1 光的性质

光的波长范围是150~4 000 nm，波长小于380 nm的是紫外光（短波），波长大于760 nm的是红外光（长波），红外光和紫外光都是不可见光。可见光的波长为380～760 nm，根据波长的不同又可分为红、橙、黄、绿、青、蓝、紫7种颜色的光。由于波长越长，增热效应越大，所以红外光可以产生大量的热，地表热量基本上就是由红外光能所产生的。紫外光对生物及人有杀伤及致癌的作用，但它在穿过大气层时，波长短于290 nm的部分被臭氧层中的臭氧吸收，只有波长为290～380 nm的紫外光才能到达地球表面。在高山和高原地区，紫外光的作用比较强烈。可见光具有最大的生态学意义，因为只有可见光才能在光合作用中被植物所利用并转化为化学能。植物的叶绿素是绿色的，它主要吸收红光和蓝光，所以在可见光谱中，波长为620～760 nm的红光和波长为435～490 nm的蓝光对光合作用最为重要。

2.4.1.2 光质的生态作用与生物的适应

光质随空间发生变化的一般规律是短波光随纬度增加而减少，随海拔升高而增加。在时间变化上，冬季长波光增加，夏季短波光增加；一天之内中午短波光较多，早晚长波光较多。不同光质对生物的作用是不同的，生物对光质也产生了选择性适应。

当太阳辐射穿透森林生态系统时，大部分能量被树冠层截留，到达下木层的太阳辐射不仅强度大大减弱，而且红光和蓝光也所剩不多，所以生活在那里的植物必须对低辐射能环境有较好的适应。

光以同样的强度照射到水体表面和陆地表面。在水体中，水对光有很强的吸收和散射作用，这种情况限制了海洋透光带的深度。在纯海水中，10 m深处的光强度只有海洋表面光强度的50%，而在100 m深处，光强度则衰减到只及海洋表面强度的7%（均指可见光部分）。不同波长的光被海水吸收的程度也不一样，红外光仅在几米深处就会被完全吸收，而紫色和蓝色等短波光则很容易被水分子散射，也不能射入很深的海水中，结果在较深的水中只有绿光占较大优势。植物的光合作用色素对光谱的这种变化具有明显的适应性。分布在海水表层的植物，如绿藻海白菜所含有的色素与陆生植物所含有的色素很相似，主要吸收蓝、红光，而分布在深水中的红藻紫菜，则通过另一些色素有效地利用绿光。

高山上的短波光较多，植物的茎叶含花青素，这是植物避免紫外线损伤的一种保护性适应。由于紫外线抑制了植物茎的伸长，很多高山植物具有特殊的莲座状叶丛。强烈的紫外线辐射不利于植物克服高山障碍进行散布，因此是决定很多植物垂直分布上限的因素之一。

2.4.1.3 光照强度的生态作用与生物的适应

（1）光照强度的变化。光照强度在赤道地区最大，随纬度的增加而逐渐减弱。例如在低纬度的热带荒漠地区，年光照强度为8.37×10^5 J/cm^{2}以上；而在高纬度的北极地区，年光照强度不会超过2.93×10^5 J/cm^2。位于中纬度地区的我国华南地区，年光照强度大约是5.02×10^5 J/cm^2，光照强度还随海拔的增加而增强，在海拔1 000 m可获得全部入射太阳辐射的70%，而在海拔0 m的海平面却只能获得全部入射太阳辐射的50%。

此外，山的坡向和坡度对光照强度也有很大的影响。在北半球的温带地区，山的南坡所接受的光照比平地多，而平地所接受的光照又比北坡多。随着纬度的增加，在南坡上获得最大年光照量的坡度也随之增大，但在北坡无论什么纬度都是坡度越小光照强度越大。分布在不同地区的生物长期生活在具有一定光照条件的环境中，久而久之就会形成各自独特的生态学特性和发育特点，并对光照条件产生特定的要求。

光照强度在一个森林生态系统内部也有变化。一般来说，光照强度在森林内自上而下逐渐减弱，照射到林冠的光有10%~23%被叶面反射，植物冠层吸收75%~80%，穿过冠层透射到地面的光只有不足10%，使下层植物对日光能的利用受到了限制，所以一个森林生态系统的垂直分层现象既取决于群落本身，也取决于所接受的太阳能总量。

（2）光照强度与水生植物。光的穿透性限制着植物在海洋中的分布，只有在海洋表层的透光带（euphotic zone）内，植物的光合作用量才能大于呼吸量。在透光带的下部，植物的光合作用量刚好与植物的呼吸消耗相平衡之处，就是所谓的补偿点（compensation point）。如果海洋中的浮游藻类沉降到补偿点以下或者被洋流携带到补偿点以下而又不能很快回升到表层时，这些藻类便会死亡。在清澈的海水和湖水中（特别是在热带海洋），补偿点可以深达几百米。在浮游植物密度很大或含有大量泥沙颗粒的水体中，透光带可能只限于水面下 1 m 处，而在一些受到污染的河流中，水面下几厘米处就很难有光线透入了。

由于植物需要阳光，因此扎根海底的巨型藻类通常只能出现在大陆沿岸附近，这里的海水深度一般不会超过100 m。生活在开阔大洋和沿岸透光带中的植物主要是单细胞的浮游植物。

（3）光照强度与陆生植物。接受一定量的光照是植物获得净生产量的必要条件，因为植物必须生产足够的糖类以弥补呼吸消耗。当影响植物光合作用和呼吸作用的其他生态因子都保持恒定时，生产和呼吸这两个过程之间的平衡就主要取决于光照强度了。

（4）光照强度与动物的行为。光是影响动物行为的重要生态因子，很多动物的活动都与光照强度有密切的关系。有些动物适应在白天的强光下活动，如大多数鸟类，哺乳动物中的灵长类、有蹄类、松鼠，爬行动物中的蜥蜴和昆虫中的蝶类、蝇类和虻类等，这些动物被称为昼行性动物。另一些动物则适应在夜晚或晨昏的弱光下活动，如夜猴、蝙蝠、家鼠、夜鹰、壁虎和蛾类等，这些动物被称为夜行性动物或晨昏性动物，又称为狭光性种类。昼行性动物所能耐受的日照范围较广，又称为广光性种类。还有一些动物既能适应弱光也能适应强光，它们白天黑夜都能活动，常不分昼夜地表现出活动与休息的不断交替，如很多种类的田鼠，也属于广光性种类。土壤和洞穴中的动物几乎总是生活在完全黑暗的环境中并极力躲避光照，因为光对它们就意味着致命的干燥和高温。蝗虫的群体迁飞也是发生在日光充足的白天，如果乌云遮住了太阳使天色变暗，它们就会停止飞行。

在自然条件下，动物开始活动的时间常常是由光照强度决定的，当光照强度上升到一定水平（昼行性动物）或下降到一定水平（夜行性动物）时，它们才开始一天的活动，随着日出日落时间的季节性变化，这些动物会调整其开始活动的时间。例如夜行性的美洲飞鼠，冬季每天开始活动的时间大约是16时30分，而夏季每天开始活动的时间将推迟到大约 19 时 30 分，说明光照强度与动物的活动有直接的关系。

2.4.1.4　日照长度与生物的光周期现象

日照长度是指白昼的持续时数或太阳的可照时数。在北半球从春分到秋分是昼长夜短，夏至昼最长；从秋分到春分是昼短夜长，冬至夜最长；在赤道附近，终年昼夜平分。纬度越高，夏半年（春分到秋分）昼越长而冬半年（秋分至春分）昼越短。在两极地区则半年是白天，半年是黑夜。国为我国位于北半球，所以夏季的日照时间总是多于 12h，而冬季的日照时间总是少于 12h。随着纬度的增加，夏季的日照长度也逐渐增加，而冬季的日照长度则逐渐缩短。高纬度地区的作物虽然生长期很短，但是在生长季节内每天的日照时间很长，所以我国北方的作物仍然可以正常地开花结果。

日照长度的变化对动植物都有重要的生态作用，由于分布在地球各地的动植物长期生活在具有一定昼夜变化格局的环境中，借助自然选择和进化而形成了各类生物所特有的对日照长度变化的反应方式，这就是在生物中普遍存在的光周期现象（photoperiodism）。例如，植物在一定光照条件下的开花、落叶和休眠，以及动物的迁移、生殖、冬眠、筑巢和换毛换羽等。

2.4.2　温度因子的生态作用及生物的适应

太阳辐射使地表受热，产生气温、水温和土温的变化，温度因子和光因子一样存在周期性变化，称节律性变温。不仅节律性变温对生物有影响，而且极端温度对生物的生长发育也有十分重要的意义。

2.4.2.1　温度的生态作用

温度是一种无时无刻不在起作用的重要生态因子，任何生物都生活在具有一定温度的外界环境中，并受着温度变化的影响。地球表面的温度条件总是在不断变化的，在空间上它随纬度、海拔、生态系统的垂直高度和各种小生境而变化，在时间上它有一年的四季变化和一天的昼夜变化。温度的这些变化都能给生物带来多方面和深刻的影响。

温度的变化直接影响到生物的生长发育，因为生物体内的生物化学过程必须在一定的温度范围内才能正常进行。一般来说，生物体内的生理生化反应会随着温度的升高而加快，从而加快生长发育速率；生化反应也会随着温度的下降而变缓，从而减慢生长发育的速率。当环境温度高于或低于生物能忍受的温度范围时，生物的生长发育就会受阻，甚至造成死亡。虽然生物只能生活在一定的温度范围内，但是不同的生物和同一生物的不同发育阶段所能忍受的温度范围却有很大不同，每一种生物都具有三基点，即最低温度、最适温度和最高温度。生物对温度的适应范围是它们长期在一定温度下生活所形成的生理适应，除了鸟类和哺乳动物是恒温动物，其体温相当稳定而受环境温度变化的影响很小以外，其他的所有生物都是变温的，其体温总是随着外界温度的变化而变化，所以如无其他特殊适应，在一般情况下它们都不能忍受冰点以下的低温，这是因为细胞中冰晶会使蛋白质的结构受到致命的损伤。

温度与生物发育的关系比较集中地反映在温度对植物和变温动物（特别是昆虫）的发育速率上，法国学者 Reaumur（1753）总结出了有效积温（sum of effective temperature）法则。

有效积温法则是指在生物的生长发育过程中，必须从环境中摄取一定的热量才能完成某一阶段的发育。而且各个阶段所需要的总热量是一个常数，可以用如下公式表示：

$$K=N(T-T_0)$$

式中，K——该生物发育所需要的有效积温，它是一个常数；

T——当地该时期的平均温度，℃；

T_0——该生物生长发育所需的最低临界温度；

N——生长发育所经历的时间，d。

2.4.2.2 极端温度对生物的影响与生物的适应

1. 低温对生物的影响及生物的适应

（1）低温对生物的影响。温度低于一定的数值，生物便会因低温而受害，这个数值称为临界温度。低温对生物的伤害可分为冷害、霜害和冻害 3 种。冷害是指喜温生物在零度以上的温度条件下受害或死亡，例如，海南岛的热带植物丁子香（*syzygium aromaticum*）在气温降至 16 ℃时叶片便受害，降至 3.4 ℃时顶梢干枯，受害严重。冷害是喜温生物向北方引种和扩展分布区的主要障碍。

冻害是指冰点以下的低温使生物体内（细胞内和细胞间隙）形成冰晶而造成的损害。冰晶的形成会使原生质膜发生破裂和使蛋白质失活与变性。当温度不低于-3 ℃或-4 ℃时，植物受害主要是由细胞膜破裂引起的；当温度下降到-8 ℃或-10 ℃时，植物受害则主要是由生理干燥和水化层的破坏引起的。当昆虫体温下降到冰点以下时，体液并不结冰，而是处于过冷状态，此时出现暂时的冷昏迷，但并不出现生理失调；当温度继续下降到过冷点（临界点）时，体液开始结冰，但在结冰过程中释放出的潜热又会使昆虫体温回跳，当潜热完全耗尽后体温又开始下降，此时体液开始结冰，昆虫才会死亡。

（2）生物对低温环境的适应。长期生活在低温环境中的生物通过自然选择，在形态、生理和行为方面表现出很多明显的适应。在形态方面，北极和高山植物的芽和叶片常受到油脂类物质的保护，芽具鳞片，植物体表面生有蜡粉和密毛，植物矮小并常成匍匐状、垫状或莲座状等，这种形态有利于保持较高的温度，减轻严寒的影响。生活在高纬度地区的恒温动物，其身体往往比生活在低纬度地区的同类个体大，因为个体大的动物，其单位体重散热量相对较少，这就是伯格曼规律（Bergman's law）。另外，恒温动物身体的突出部分（如四肢、尾巴和外耳等）在低温环境中有变小变短的趋势，这也是减少散热的一种形态适应，这一适应常被称为阿伦规律（Allen's law）。例如，北极狐、赤狐、非洲大耳狐的耳壳的大小变化。恒温动物的另一形态适应是在寒冷地区和寒冷季节增加毛的厚度或增加皮下脂肪的厚度，从而提高身体的隔热性能。

在生理方面，生活在低温环境中的植物常通过减少细胞中的水分和增加细胞中的糖类、脂肪和色素等物质来降低植物的冰点，增加抗寒能力。例如，鹿蹄草就是通过在叶细胞中大量储存五碳糖、黏液等物质来降低冰点，这可使其结冰温度下降到-31 ℃。此外，极地和高山植物在可见光谱中的吸收带较宽，并能吸收更多的红外线。

在行为方面，行为上的适应主要表现在休眠和迁移两个方面，前者有利于增加抗寒能力，后者可躲过低温环境，这在前面已经举过一些实例。

2. 高温对生物的影响及生物的适应

（1）高温对生物的影响。温度超过生物适宜温区的上限后就会对生物产生有害影响，温度越高对生物的伤害作用越大。高温可减弱光合作用，增强呼吸作用，使植物的这两个重要过程失调。例如，马铃薯在温度达到 40 ℃时，光合作用等于零，而呼吸作用在温度达到 50 ℃以前一直随温度的上升而增强。高温还会破坏植物的水分平衡，加速生长发育。

高温对动物的有害影响主要是破坏酶的活性，使蛋白质凝固变性，造成缺氧、排泄功能失调和神经系统麻痹等。动物对高温的忍受能力依种类而异。哺乳动物一般都不能忍受 42 ℃以上的高温；鸟类体温比哺乳动物高，但也不能忍受 48 ℃以上的高温；多数昆虫、蜘蛛和爬行动物都能忍受 45 ℃以下的高温，温度再高就有可能引起死亡。

（2）生物对高温环境的适应。生物对高温环境的适应也表现在形态、生理和行为 3 个方面。就植物来说，有些植物生有密绒毛和鳞片，能过滤一部分阳光；有些植物体呈白色、银白色，叶片革质发亮，能反射一大部分阳光，使植物体免受热伤害；有些植物叶片垂直排列使叶缘向光或在高温条件下叶片折叠，减少光的吸收面积；还有些植物的树干和根茎生有很厚的木栓层，具有绝热和保护作用。植物对高温的生理适应主要是降低细胞含水量，增加糖或盐的浓度，这有利于减缓代谢速率和增加原生质的抗凝结力；其次是靠旺盛的蒸腾作用避免使植物体因过热受害。还有一些植物具有反射红外线的能力，夏季反射的红外线比冬季多，也是避免使植物体受到高温伤害的一种适应。

动物对高温环境的一个重要适应就是适当放松恒温性，使体温有较大的变幅，这样在高温炎热的时刻身体就能暂时吸收和储存大量的热并使体温升高，当环境条件改善时或躲到阴凉处时再把体内的热量释放出去，体温也会随之下降。沙漠中的啮齿动物对高温环境常常采取行为上的适应对策，即夏眠、穴居和昼伏夜出。

2.4.2.3 生物对环境温度的适应策略

1. 生物的地理分布

温度是决定生物分布区的重要生态因子，每个地区都生长繁衍着适应该地区气候特点的生物。这里所讨论的温度因子，包括节律性变温和绝对温度，它们是综合起作用的。年平均温度、最冷月、最热月平均温度值是影响生物分布的重要指标。R. H. Boerker 曾根据这个指标来划分植被的气候类型。日平均温度累计值的高低是限制生物分布的重要因素，有效总积温就是根据生物有效临界温度的天数的日平均温度累积出来的。当然，极端温度（最高温度、最低温度）也是限制生物分布的最重要条件。例如，苹果和某些品种的梨不能在热带地区栽培，就是由于高温的限制；相反，橡胶、椰子、可可等只能在热带分布，它们是受低温的限制。糖槭是美国东北部和加拿大南部的一个普通树种，其分布受到北方冬季低温的限制，但不受限于南方夏季的高温。在垂直分布上，长江流域及福建地区马尾松分布在海拔 1 000~2 000 m 以下，在这个界限的上部被黄山松取代，此现象源于海拔 1 000~1 200 m 是马尾松的低温界限又是黄山松的高温界限。

温度对动物的分布，有时可起到直接的限制作用。例如，各种昆虫的发育需要一定的总热量，若生存地区有效积温少于发育所需的积温时，这种昆虫就不能完成生活史。苹果蚜向北分布的界限是 1 月等温线 3~4 ℃的地区，低于此界限，则无法生存。就北半球而言，动物分布的北界受低温限制，南界受高温限制。例如，水温低于 20 ℃的地方，它们是无法生存的。

一般来说，暖和的地区生物种类多，寒冷的地区生物种类少。例如，我国两栖类动物，广西有 57 种，福建有 41 种，浙江有 40 种，江苏有 21 种，山东、河北各有 9 种，内蒙古只有 8 种。爬行动物也有类似的情况，广东、广西分别有 121 种和 110 种，海南有 104 种，福建有 101 种，浙江有 78 种，江苏有 47 种，山东、河北都不到 20 种，内蒙古只有 6 种。植物的情况也不例外，我国高等植物有 3 万多种；巴西有 4 万多种；而苏联国土总面积位于世界第一，但是由于温度低，它的植物种类只有 16 000 多种。

2. 生物的物候节律

生物长期适应一年中温度的寒暑节律性变化，形成与此相适应的生物发育节律称为物候，研究生物的季节性节律变化与环境季节变化关系的科学叫作物候学（phenology）。动物对不同季节食物条件的变化以及对热能、水分和气体代谢的适应，导致生活方式与行为的周期性变化。例如，活动与休眠、繁殖期与性腺静止期、定居与迁移等。这种周期性现象以复杂的生理机制为基础，气候的周期变化可能是动物体内生理机能调整的外来信号。植物的物候变化更为明显，从发芽、生长到开花、结实和枯黄呈现出不同的物候期。

在不同地区、不同气候条件下，生物的物候状况是不同的。美国昆虫学家 A. D. Hopkins 从 19 世纪末起，花了 20 多年时间研究物候，确定了美国境内生物物候与纬度、经度和海拔的关系。他指出，在北美温带地区，纬度向北移动 1°，或经度向东移动 5°或海拔上升 120 m，生物的物候期在春天和夏初各延迟 4 d；而在秋天物候期则提早 4 d。在我国，物候变化与北美大陆有所不同，从纬度上看，从广东湛江沿海至福州、赣州一线纬度相差 5°，春季桃花开花期相差 50 d 之多；南京和北京纬度相差 6°，桃花开花期相差 19 d；前者每纬度相差 10 d，后者相差 3 d 多，可见影响物候期的因素是比较复杂的。

研究物候的方法主要靠物候观测，除地面定期观测外，也可以用遥感等技术进行。物候观测的结果，可以整理成物候谱、物候图或等物候线以说明物候期与生态因子或地理区域的联系。分析多年物候资料，就能掌握物候变动周期，并可推知未来气候的变迁，为天气预报提供物候学方面的依据，并可应用于确定农时、确定牧场利用时间、了解群落的动态等。物候节律研究对确定不同植物的适宜区域及指导植物引种驯化工作也具有重要价值。

3. 生物与周期性变温

在自然界，温度受太阳辐射的制约，存在昼夜之间及季节之间温度差异的周期性变化。在不同纬度，温度的日较差与年较差是不同的。起源于不同地带的生物，对昼夜变温与温度周期性变化的反应也不相同。

2.4.3 水因子的生态作用及生物的适应

地球素有“水的行星”之称，地球表面有70%以上被水所覆盖。水有3种形态：液态、固态和气态。3种形态的水因时间和空间的不同发生很大变化，导致地球上不同地区水分分配的不均匀，从而对生物的分布和生长发育产生影响。

2.4.3.1 水的生态作用

首先，水是生物体的重要组成成分，植物体的含水量一般为60%~80%，有些水生动物可高达90%以上（如水母、蝌蚪等），没有水就没有生命。其次，生物的一切代谢活动都必须以水为介质，生物体内营养的运输、废物的排除、激素的传递以及生命赖以存在的各种生物化学过程，都必须在水溶液中才能进行，而所有物质也都必须以溶解状态才能出入细胞，所以在生物体和它们的环境之间时时刻刻都在进行着水交换。

陆地上水量的多少，影响到陆生生物的生长与分布。适应在陆地生活的高等植物、昆虫、爬行动物、鸟类和哺乳动物等生物，它们的表皮和皮肤基本是干燥和不透水的，而且在获取更多的水、减少水的消耗和储存水3个方面都具有特殊的适应。水对陆生生物的热量调节和热能代谢也具有重要意义，因为蒸发散热是所有陆生生物降低体温的最重要手段。

2.4.3.2 植物对水因子的适应

1. 植物与水的关系

植物从环境中吸收的水约有99%用于蒸腾作用，只有1%保存在体内，因此只有充分的水分供应才能保证植物的正常生活。在根吸收水和叶蒸腾水之间保持适当的平衡是保证植物正常生活所必需的。要维持水分平衡必须增加根的吸水能力和减少叶片的水分蒸腾，植物在这一方面具有一系列的适应性。例如，气孔能够自动开关，当水分充足时气孔便张开以保证气体交换，但当缺水干旱时气孔便关闭以减少水分的散失。当植物吸收阳光时，植物体就会升温，但植物表面浓密的细毛和棘刺则可增加散热面积，防止植物表面受到阳光的直射和避免植物体过热。植物体表生有一层厚厚的蜡质表皮，也可以减少水分的蒸发，因为这层表皮是不透水的。有些植物的气孔深陷在植物叶内，有助于减少失水。

水与植物的生产量有十分密切的关系。所谓需水量，就是指生产lg干物质所需要的水量。一般来说，植物每生产1 g干物质需水300~600 g。不同种类的植物需水量是不同的，例如，各类植物生产1 g干物质所需水为：狗尾草285 g、苏丹草304 g、玉米349 g、小麦557 g、油菜714 g、紫苜蓿844 g等。凡光合作用效率高的植物需水量都较低。当然，植物需水量还与其他生态因子有直接关系，如光照强度、温度、大气湿度、风速和土壤含水量等。植物的不同发育阶段需水量也不相同。

2. 植物的生态类型

依据植物对水分的依赖程度，可把植物分为水生植物和陆生植物两种主要生态类型。

水生植物是所有生活在水中的植物的总称，它们的特点是体内有发达的通气系统，以保证身体各部对氧气的需要。水生植物的叶片常呈带状、丝状并且极薄，有利于增加采光面积和对二氧化碳、无机盐的吸收，植物体具有较强的弹性和抗扭曲能力以适应水的流动。淡水植物具有自动调节渗透压的能力，而海水植物则是等渗的。水生植物有沉水植物、漂浮植物、浮叶植物、挺水植物 4 种类型。

陆生植物是指生长在陆地上的植物，包括湿生、中生和旱生植物 3 种类型。

2.4.3.3 动物对水因子的适应

动物和植物一样，必须保持体内的水分平衡。对水生动物来说，保持体内水分得失平衡主要是依赖水的渗透作用。陆生动物体内的含水量一般比环境要高，因此常常因蒸发而失水，另外在排泄过程中也会损失一些水。失去的这些水必须从食物、饮水和代谢水那里得到补足，以便保持体内水分的平衡。水分的平衡调节总是同各种溶质的平衡调节密切联系在一起的，动物与环境之间的水交换经常伴随着溶质的交换。影响动物与环境之间进行水分和溶质交换的环境因素很多，不同的动物也具有不同的调节机制，但各种调节机制都必须使动物能在各种情况下保持体内水分和溶质交换的平衡，否则动物就无法生存。

1. 水生动物对水因子的适应

海洋动物。海洋是一种高渗环境，生活在海洋中的动物大致有两种渗透压调节类型。一种类型是动物的血液或体液的渗透浓度与海水的总渗透浓度相等或接近；另一种类型是动物的血液或体液大大低于海水的渗透浓度。海水的总渗透浓度是 1 135 mmol/kg，与海水渗透浓度基本相同的动物有海胆和贻贝等。这些动物一般不会由于渗透作用而失水或得水，但随着代谢废物的排泄总会损失一部分水，因此动物必须从以下几个方面摄取少量的水：从食物中（食物一般含有 50%~90%的水），饮用海水并排出海水中的溶质，食物同化过程中产生的代谢水。由于等渗动物所需要的水量很少，所以一般不需要饮用海水，代谢水的多余部分还要靠渗透作用排出体外。蟹等的血液渗透浓度比海水略低，这些动物会由于渗透作用而失去一些水，它们与等渗动物相比，失水量会稍多一些，但它们也会从食物、代谢水中或直接饮用海水而摄入更多的水。还有一些动物的血液或体液的渗透浓度比海水略高，如海月水母、枪乌贼、龙虾等。对这些动物来说，体外的水会渗透到体内来，渗透速率取决于体内的渗透压差。这些动物不仅需要饮水和从食物及代谢过程中摄取水，而且需要借助排泄器官把体内过剩的水排出体外。

生活在海洋中的低渗动物，由于体内的渗透浓度与海水相差很大，因此体内的水将大量向体外渗透，如要保持体内水分平衡，低渗动物必须从食物、代谢过程或通过饮水来摄取大量的水。由于从食物和代谢过程中摄取的水量受到动物对食物需要量的限制，所以饮水就成了弥补大量渗透失水的主要方法。与此同时，动物还必须有发达的排泄器官，以便把饮水中的大量溶质排泄出去。在低渗动物中，排泄钠的组织是多种多样的，硬骨鱼类和甲壳动物体内的盐是通过鳃排泄出去的，而软骨鱼类则是通过直肠腺排出的。这些排盐组织的细胞膜上有 K^+泵和 Na^+泵，因此可以主动把钾和钠通过细胞膜排出体外。

低盐和淡水环境中的动物。生活在低盐和淡水环境中的动物，其渗透压调节是相似的，两种环境只是在含盐量和稳定性方面有所不同。低盐环境（如河海交汇处）的渗透浓度波动性较大，当生活在海洋中的等渗动物游到海岸潮汐区的河流入海口附近时，环境的渗透浓度下降，由于动物与环境之间的渗透浓度差进一步加大，所以动物必须对它们体内的渗透浓度进行调整。当这些动物生活在真正的海水环境中时，它们的体液浓度都与海水相等或稍高一些；但当环境的渗透浓度下降时，这些动物的体液浓度也不同程度地跟着下降。体液浓度随着环境渗透浓度的改变而改变的动物称为变渗动物；而体液浓度保持恒定、不随环境改变而改变的动物称为恒渗动物。

淡水动物所面临的渗透压调节问题是最严重的，因为淡水的渗透浓度极低（2～3 mmol/L）。由于动物血液或体液渗透浓度比较高，所以水不断地渗入动物体内，这些过剩的水必须不断地被排出体外才能保持体内的水分平衡。此外，淡水动物还面临着丢失溶质的问题，有些溶质是随尿排出体外的，另一些则由于扩散作用而丢失。丢失的溶质必须从两个方面得到弥补：一方面从食物中获得某些溶质，另一方面动物的或上皮组织的表面也能主动地把钠吸收到动物体内。

2. 陆生动物对水因子的适应

陆生动物和水生动物一样，细胞内需要保持最适的含水量和溶质浓度。动物失水的主要途径是皮肤蒸发、呼吸失水和排泄失水。丢失的水分主要是从食物、代谢水和直接饮水3个方面得到弥补。但在有些环境中，水是很难得到的，所以单靠直接饮水远远不能满足动物对水分的需要。

（1）形态结构上的适应。陆生动物各自以不同的形态结构来适应环境湿度，保持生物体的水分平衡，在进化过程中形成了各种减少或限制失水的形态结构。陆生动物皮肤的含水量总是比其他组织少，因此可以减缓水穿过皮肤。有很多蜥蜴和蛇，其皮肤中的脂类对限制水的移动发挥着重要作用，如果把这些脂类从皮肤中除去，皮肤的透水性就会急剧增加。很多陆生昆虫和节肢动物都有特殊适应，尽量减少呼吸失水和体表蒸发失水。例如，昆虫利用气管系统来进行呼吸，而气门是由气门瓣来控制的，只有当气门瓣打开的时候，才能与环境进行最大限度的气体和水分交换。节肢动物的体表有一层几丁质的外骨骼，有些种类在外骨骼的表面还有很薄的蜡质层，可以有效地防止水分的蒸发。鸟类、哺乳类中减少呼吸失水的途径是将由肺内呼出的水蒸气，在扩大的鼻道内通过冷凝而回收，这样就可以最大限度地减少呼吸失水。

（2）行为上的适应。钻洞的习性、昼夜周期性活动、季节周期性活动、休眠等都是动物为了减少水分散失而形成的行为适应。如沙漠地区昼夜温差较大，地面和地下的空气湿度和蒸发量差异也很大。因此沙漠地区的动物白天在洞内穴居，晚上出来活动，可以减少身体水分蒸发，降低代谢速率，保持体内水分平衡。具有季节性周期活动习性的动物一般分布在干旱地区，这样的地区由于受季节性降水和季节性植物的影响，动物也呈季节性活动的特征。如在以色列的沙漠地区，昼出性昆虫有2/3的个体在3—5月出现，4月最多，8月最少；夜出性种类有2/3的个体出现在6—9月，8月最多，12月最少。哺乳类动物（如地鼠和松鼠）在夏季高温、干燥时，会进入长时间的夏眠状态，代谢率降到原来的60%，体温也会下降5 ℃左右。动物利用这种方法渡过水分缺乏和食物缺乏的困难时期。

（3）生理上的适应。最普通的一种生理机制是使体温有更大的波动范围（与正常的内稳态动物相比，体温波动幅度要大得多）。例如，黄鼠（citellus dauricus）体内的酶系统与大多数动物相比，其发挥作用的温度范围要宽得多，因此允许体温有较大幅度的变化。实际上，黄鼠就是靠体温达到极高的水平来解决散热问题的，体温常常比周围环境温度还要高，这样就可维持散热。当体温达到最高点时（42 ℃），它会躲避到地下洞穴中去降温。生活在沙漠中的羚羊也有同样的适应，把身体作为一个热储存器加以利用，可使动物在高温条件下能继续有效地执行各种功能。羚羊的身体比黄鼠更大，因而可以吸收更多的热量，可以长时间地保持活动状态，而不必像黄鼠那样需定期退回洞穴中降温。动物在白天让体温持续不断地升高还有另一种好处，这就是缩小动物和环境之间的温度差，从而进一步减少动物体的吸热量。

2.4.4 土壤因子的生态作用及生物的适应

土壤是岩石圈表面的疏松表层，是陆生植物和陆生动物生活的基质。土壤不仅为植物提供必需的营养和水分，还是陆生动物赖以生存的栖息场所，是人类重要的自然资源。

2.4.4.1 土壤的生态作用

土壤的形成从开始就与生物的活动密不可分，所以土壤中总是含有多种多样的生物，如细菌、真菌、放线菌、藻类、原生动物、轮虫、线虫、蚯蚓、软体动物和各种节肢动物等，少数高等动物（如鳗鼠等）终生都生活在土壤中。可见，土壤是生物和非生物环境中的一个极为复杂的复合体，土壤的概念总是包括生活在土壤里的大量生物，生物的活动促进了土壤的形成，而众多柔型的生物又生活在土壤之中。

土壤无论对植物来说还是对土壤动物来说都是重要的生态因子。植物的根系与土壤有极大的接触面，在植物和土壤之间进行着频繁的物质交换，彼此有强烈影响，因此通过控制土壤因素就可影响植物的生长和产量。对动物来说，土壤是比大气环境更为稳定的生活环境，其温度和湿度的变化幅度要小得多，因此土壤常常成为动物的极好隐蔽所，在土壤中可以躲避高温、干燥、大风和阳光直射。由于在土壤中运动要比大气中和水中困难得多，所以除了少数动物（如蚯蚓、灵鼠、竹鼠和穿山甲）能在土壤中掘穴居住外，大多数土壤动物都只能利用枯枝落叶层中的孔隙和土壤颗粒间的空隙作为自己的生存空间。

土壤是所有陆生生态系统的基底或基础，土壤中的生物活动不仅影响着土壤本身，而且影响着土壤上面的生物群落。生态系统中的很多重要过程（特别是分解和固氮过程）都是在土壤中进行的。生物遗体只有通过分解过程才能转化为腐殖质和矿化为可被植物再利用的营养物质，而固氮过程则是土壤氮肥的主要来源。这两个过程都是整个生物圈物质循环所不可缺少的。

2.4.4.2 影响土壤形成的5种因素

任何一种土壤和土壤特性都是在5种成土因素的综合作用下形成的，这5种相互依存的成土因素是母质（parent material），气候、地形、时间和生物因素。

母质是指最终能形成土壤的松散物质，这些松散物质来自母岩的破碎和风化或外来输送物。母岩可以是火成岩、沉积岩，也可以是变质岩，岩石的构成成分是决定土壤化学成分的主要因素。其他母质可以借助风、水、冰川和重力被传送，由于传送物的多样性，所以由传送物形成的土壤通常要比由母岩形成的土壤肥沃。

气候对土壤的发育有很大影响，温度依海拔和纬度而有很大变化，温度不仅决定着岩石的风化速率，还决定着有机物和无机物的分解和腐败速率，也决定着风化产物的淋溶和移动。此外，气候还影响着一个地区的植物和动物，而动植物又是影响土壤发育的重要因素。

地形是指陆地的轮廓和外形，它影响着进入土壤的水量。与平地相比，在斜坡上流失的水较多，渗入土壤的水较少，因此在斜坡上土壤往往发育不良，土层薄且分层不明显。在低地和平地常有额外的水进入土壤，使土壤深层湿度很大且呈现灰色。地形也影响着土壤的侵蚀强度并有利于成土物质向山下输送。

时间也是土壤形成的一种因素，因为一切过程都需要时间，如岩石的破碎和风化，有机物质的积累、腐败和矿化，土壤上层无机物的流失，土壤层的分化，所有这些过程都需要很长的时间。良好土壤的形成可能要经历2 000~20 000年的时间。在干旱地区土壤的发育速率较湿润地区更慢。斜坡上的土壤不管发育了多少年，往往都是由新土构成的，因为在这里土壤的侵蚀速率可能与形成速率一样快。

植物、动物、细菌和真菌对土壤的形成和发育有很大影响。植物迟早会在风化物上定居，把根潜入母质并进一步使其破碎，植物还能把深层的营养物抽吸到表面上来，并对风化后进入土壤的无机物进行重复利用。植物通过光合作用捕获太阳能，自身成长后身体的一部分又以有机碳的形式补充到土壤中。而植物残屑中所含有的能量又维持了大量细菌、真菌、蚯蚓和其他生物在土壤中的生存。

通过有机物质的分解把有机化合物转化成了无机营养物。土壤中的无脊椎动物如马陆、蜈蚣、蚯蚓、蟠类、跳虫等，它们以各种复杂的新鲜有机物为食，但它们的排泄物中是已经过部分分解的产物。微生物将把这些产物进一步降解为水溶性的含氮化合物和碳水化合物。生物腐殖质最终会矿化成为无机化合物。

腐殖质是由很多复杂的化合物构成的，是呈黑色的同质有机物质，其性质各异，取决于其植物来源。腐殖质的分解速率缓慢，其分解速率和形成速率之间的平衡决定着土壤中腐殖质的数量。

植物的生长可减弱土壤的侵蚀与流失，并能影响土壤中营养物的含量。动物、细菌和真菌可使有机物分解并与无机物相混合，有利于土壤的通气性和水的渗入。

2.4.4.3 土壤的物理性质及对生物的影响

土壤是由固体、液体和气体组成的三相复合系统，其基本物理性质包括土壤质地、结构、容量、空隙度等，土壤的质地与结构的不同又导致土壤水分、土壤空气和土壤温度的差异，而这些因素都对生物产生影响。

1. 土壤质地与结构

固相颗粒是组成土壤的物质基础，约占土壤全部质量的50%~85%，是土壤组成的骨干。根据土粒直径的大小可把土粒分成粗砂（0.2~2.0 mm）、细砂（0.02~0.2 mm）、粉砂（0.002~0.02 mm）和黏粒（0.002 mm 以下）。这些不同大小固体颗粒的组合百分比就称为土壤质地（soil texture）。根据土壤质地可把土壤分为砂土、黏土和壤土 3 大类。在砂土类土壤中以粗砂和细砂为主，粉砂和黏粒所占比重不到 10%，因此土壤黏性小、孔隙多，通气透水性强，蓄水和保肥能力差。黏土类土壤中以粉砂和黏粒为主，占 60%以上，甚至可超过 85%，故黏土类土壤质地黏重，结构紧密，保水保肥能力强，但孔隙小，通气透水性能差，湿时黏干时硬。壤土类土壤的质地比较均匀，其中砂黏、粉砂和黏粒所占比重大体相等，土壤既不太松也不太黏，通气透水性能良好且有一定的保水保肥能力，是比较理想的农作土壤。

土壤结构（soil structure）则是固相颗粒的排列方式、孔隙的数量和大小以及团聚体的大小和数量等。土壤结构可分为微团粒结构（直径小于 0.25 mm）、团粒结构（直径为 0.25~10 mm）和比团粒结构更大的各种结构。团粒结构是土壤中的腐殖质把矿质土粒黏结成直径为 0.25~10 mm 的小团体，具有泡水不散的水稳性特点。具有团粒结构的土壤是结构良好的土壤，因为它能协调土壤中的水分、空气和营养物之间的关系，改善土壤的理化性质。团粒结构是土壤肥力的基础，无结构或结构不良的土壤，土体坚实、通气透水性差，植物根系发育不良，土壤微生物和土壤动物的活动亦受到限制。土壤的质地和结构与土壤中的水分、空气和温度状况有密切关系，并直接或间接地影响着植物和土壤动物的生活。

2. 土壤水分

土壤中的水分可直接被植物的根系吸收。土壤水分的适量增加有利于各种营养物质的溶解和移动，有利于磷酸盐的水解和有机态磷的矿化，这些都能改善植物的营养状况。此外，土壤水分还能调节土壤中的温度，灌溉防霜就是此道理。水分太多或太少都对植物和土壤动物不利，土壤干旱不仅影响植物的生长，也威胁着土壤动物的生存。土壤中的节肢动物一般都适应生活在水分饱和的土壤孔隙内，例如，金针虫在土壤空气湿度下降到 92%时就不能存活，所以它们常常进行周期性的垂直迁移，以寻找适宜的湿度环境。土壤水分过多会使土壤中的空气流通不畅并使营养物质随水流失，降低土壤的肥力。土壤孔隙内充满了水对土壤动物更为不利，常使动物因缺氧而死亡。降水太多和土壤淹水会引起土壤动物大量死亡。此外，土壤中的水分对土壤昆虫的发育和生殖力有直接影响，例如，东亚飞蝗在土壤含水量为 8%~22%时产卵量最大，而卵的最适孵化湿度是土壤含水 3%~16%，含水量超过 30%，大部分蝗卵就不能正常发育。

3. 土壤空气

土壤中空气的成分与大气有所不同。例如，土壤空气的含氧量一般只有 10%~12%，比大气中的含氧量低，但土壤空气中二氧化碳的含量却比大气高得多，一般含量为 0.1%左右。土壤空气中各种成分的含量不如大气稳定，常随季节、昼夜和深度的变化而变化。在积水和透气不良的情况下，土壤空气的含氧量可降低到 10%以下，从而抑制植物根系的呼吸和影响植物正常的生理功能，动物则向土壤表层迁移以便选择适宜的呼吸条件。当土壤表层变得干旱时，土壤动物因不利于其皮肤呼吸而重新转移到土壤深层，空气可沿着虫道和植物根系向土壤深层扩散。

土壤空气中高浓度的二氧化碳（可比大气含量高几十至几百倍）一部分可扩散到近地

面的大气中被植物叶子在光合作用中吸收，另一部分则可直接被植物根系吸收。但是在通气不良的土壤中，二氧化碳的浓度常可达到10%~15%，如此高浓度的二氧化碳不利于植物根系的发育和种子萌发。二氧化碳浓度的进一步增加会对植物产生毒害作用，破坏根系的呼吸功能，甚至导致植物窒息死亡。

土壤通气不良的情况下会抑制好气性微生物的种类和数量，减缓有机物质的分解活动，使植物可利用的营养物质减少。若土壤过分通气又会使有机物质的分解速率太快，这样虽然能提供给植物更多的养分，但是使土壤中腐殖质的数量减少，不利于养分的长期供应。只有具有团粒结构的土壤才能调节好土壤中水分、空气和微生物活动之间的关系，从而最有利于植物的生长和土壤动物的生存。

4. 土壤温度

土壤温度（soil temperature）除了有周期性的日变化和季节变化外，还有空间上的垂直变化。一般来说，夏季的土壤温度随深度的增加而下降，冬季的土壤温度随深度的增加而升高。白天的土壤温度随深度的增加而下降，夜间的土壤温度随深度的增加而升高。土壤温度除了能直接影响植物种子的萌发和实生苗的生长外，还对植物根系的生长和呼吸能力有很大影响。大多数作物在10~35 ℃的温度范围内其生长速率随温度的升高而加快。温带植物的根系在冬季因土壤温度太低而停止生长，但土壤温度太高也不利于根系或地下储藏器官的生长。土壤温度太高和太低都能减弱根系的呼吸能力，例如，向日葵的呼吸作用在土壤温度低于10 ℃和高于25 ℃时都会明显减弱。此外，土壤温度对土壤微生物的活动、土壤气体的交换、水分的蒸发、各种盐类的溶解度以及腐殖质的分解都有明显的影响，而土壤的这些理化性质又都与植物的生长有密切关系。

土壤温度的垂直分布从冬季到夏季要发生两次逆转，随着一天中昼夜的转变也要发生两次变化，这种现象对土壤动物的行为具有深刻影响。大多数土壤无脊椎动物都随着季节的变化而进行垂直迁移，以适应土壤温度的垂直变化。一般来说，土壤动物于秋冬季节向土壤深层移动，于春夏季节向土壤上层移动，移动距离常与土壤质地有密切关系。

2.4.4.4 土壤的化学性质及对生物的影响

1. 土壤酸碱性

土壤酸碱度（soil acidity）是土壤的化学性质，特别是岩基状况的综合反映，它对土壤的一系列肥力性质有深刻的影响。土壤中微生物的活动，有机质的合成与分解，氮、磷等营养元素的转化与释放，微量元素的有效性，土壤保持养分的能力等都与土壤酸碱度有关。

土壤酸碱度包括酸性强度和酸度数量两方面。酸性强度又称为土壤反应，是指与土壤固相处于平衡的土壤溶液中的H^+浓度，用pH表示。酸度数量是指酸度总量和缓冲性能，代表土壤所含的交换性氢、铝总量，一般用交换性酸量表示。土壤的酸度数量远远大于其酸性强度，因此，在调节土壤酸性时，应按酸度数量来确定石灰等的施用量。

土壤动物区系及其分布受土壤酸碱度的影响，一般依赖其对土壤酸碱度的适应范围可分为嗜酸性种类和嗜碱性种类。如金针虫在pH为4.0~5.2的土壤中数量最多，在pH为

2.7 的强酸性土壤中也能生存。而麦红吸浆虫，通常分布在 pH 为 7~11 的碱性土壤中，当 pH<6.0 时便难以生存。蚯蚓和大多数土壤昆虫喜欢生活在微碱性土壤之中。

土壤酸碱度对土壤养分有效性也有重要影响。在 pH 为 6~7 的微酸条件下，土壤养分有效性最好，最有利于植物生长。在酸性土壤中容易引起钾、钙、镁、磷等元素的短缺，而在强碱性土壤中容易引起铁、硼、铜和锌的短缺。土壤酸碱度还通过影响微生物的活动而影响植物的生长。酸性土壤一般不利于细菌活动，根瘤菌、褐色固氮菌、氨化细菌和硝化细菌等大多数生长在中性土壤中，它们在酸性土壤中多不能生存。许多豆科植物的根瘤也会因土壤酸性增加而死亡。pH 为 3.5~8.5 是大多数维管束植物的生长范围，但最适合植物生长的 pH 则远比此范围窄。

2. 土壤有机质

土壤有机质（organic matter）是土壤的重要组成部分，土壤的许多属性都间接或直接与土壤有机质有关。土壤有机质可粗略地分为两类：非腐殖质和腐殖质（humus）。前者是原来的动植物组织和部分分解的组织，后者则是微生物分解有机质时重新合成的具有相对稳定性的多聚体化合物，主要是胡敏酸和富里酸，约占土壤有机质的 85%~90%。腐殖质是植物营养的重要碳源和氮源，土壤中 99%以上的氮素是以腐殖质的形式存在的。腐殖质也是植物所需各种矿质营养的重要来源，并能与各种微量元素形成络合物，增加微量元素的有效性。

土壤有机质含量是土壤肥力（soil fertility）的一个重要标志。但一般土壤表层内有机质含量只有 3%~5%。森林土壤和草原土壤含有机质的量比较高，因为在植被下能保持物质循环的平衡，一经开垦并连续耕作后，有机质逐渐被分解，如得不到足够量的补充，会因养分循环中断而失去平衡，致使有机质含量迅速降低。因此，施加有机肥是恢复和提高农田土壤肥力的一项重要措施。

土壤有机质能改善土壤的物理结构和化学性质，有利于土壤团粒结构的形成，从而促进植物的生长和养分的吸收。土壤腐殖质还是异养微生物的重要养料和能源，因此能活化土壤微生物，而土壤微生物的旺盛活动对于植物营养是十分重要的因素。土壤有机质含量越多，土壤动物的种类和数量也越多。在富含腐殖质的草原黑钙土中，土壤动物的种类和数量极为丰富，而在有机质含量很少的荒漠地区，土壤动物的种类和数量则非常有限。

3. 土壤矿质元素

动植物在生长发育过程中，需要不断地从土壤中吸取大量的无机元素，包括大量元素（氮、磷、钾、钙、硫和镁等）和微量元素（锰、锌、铜、钼、硼和氯等）。植物所需的无机元素来自矿物质和有机质的矿化分解，动物所需的元素则来自植物。在土壤中将近 98%的养分呈束缚态，存在于矿质或结合于有机碎屑、腐殖质或较难溶解的无机物中，它们构成了养分的储备源，通过分化和矿化作用慢慢地变为可用态供给植物生长需要。土壤中含有植物必需的各种元素，比例适当能使植物生长发育良好，比例不适当则限制植物的生长发育，因此可通过合理施肥改善土壤的营养状况来达到植物增产的目的。

土壤中的无机元素对动物的分布和数量有一定影响。如当土壤中钴离子的质量分数为 $(2\sim3)\times10^{-6}$以下时，牛羊等反刍动物就会生病。同一种蜗牛，生活在含钙高的地方，其壳重占体重的35%；而在含钙低的地方，其壳重只占体重的20%。由于石灰质土壤对蜗牛壳的形成很重要，所以石灰岩地区蜗牛数量往往较其他地区多。哺乳动物也喜欢在母岩为石灰岩的土壤地区活动。含氯化钠丰富的土壤和地区往往能够吸引大量的草食有蹄动物，因为这些动物出于生理需要必须摄入大量的盐。土壤含盐量对飞蝗影响也很大，含盐量低于0.5%的地区是飞蝗常年发生的场所；而含盐量在0.7%~1.2%的地区，是它们扩散和轮生的地方；在土壤含盐量达1.2%~1.5%的地区就不会出现飞蝗。

2.4.4.5 土壤的生物特性

虽然土壤环境与地上环境有很大不同，但两地生物的基本需求却是相同的，土壤中的生物也和地上生物一样需要生存空间、氧气、食物和水。没有生物的存在和积极活动，土壤就得不到发育。生活在土壤中的细菌、真菌和蚯蚓等生物都能把无机物质转移到生命系统之中。

栖息在土壤中的生物有极大的多样性，细菌、真菌、放线菌、藻类、昆虫、原生动物等，种类繁多，几乎无脊椎动物的每一个门都有不少种类生活在土壤中。在澳大利亚的一个山毛榉森林土壤中，土壤动物学家曾采集到11种甲虫、229种蟠和46种软体动物（蜗牛和蛞蝓）。非节肢土壤动物主要是线虫和蚯蚓，每平方米土壤中的线虫数量可达几百万个，它们主要从活植物的根和死的有机物中获取营养。蚯蚓穿行于土壤之中，不断把土壤和新鲜植物吞入体内，再将其与肠分泌物混合，最终排出体外，在土壤表面形成粪丘，或者呈半液体状排放于蚯蚓洞道内，蚯蚓的活动有利于改善其他动物所栖息的土壤环境。

蟠类和弹尾目昆虫广泛分布在所有的森林土壤中，它们数量极多，两者加起来大约占土壤动物总数的80%，它们以真菌为食或是在有机物团块的孔隙中寻找猎物。多足纲的千足虫主要是取食土壤表面的落叶，特别是那些已被真菌初步分解过的落叶。它们的主要贡献是对枯枝落叶进行机械破碎，以使其更容易被微生物，尤其是腐生真菌（saprophytic fungi）所分解。在土壤无脊椎动物中，蜗牛和蛞蝓具有最为多种多样的酶，这些酶不仅能够水解纤维素和植物多糖，甚至能够分解极难消化的木质素。在热带土壤动物区系中，白蚁占有很大优势，它们很快就能把土壤表面的木材、枯草和其他物质清除干净，在建巢和构筑蚁冢时搬运大量的土壤。在食碎屑动物的背后是一系列的捕食动物，小节肢动物是蜘蛛、甲虫、拟蝎、捕食性蟠和蜈蚣的主要捕食对象。

2.4.4.6 植物对土壤的适应策略

长期生活在不同类型土壤的植物，会对该种土壤产生一定的适应特性，从而形成不同的植物生态类型。根据植物对土壤酸碱度的反应，可以把植物分为酸性土植物、中性土植物和碱性土植物；根据植物对土壤含盐量的反应，可以分为盐土植物和碱土植物；根据植物对土壤中钙质的反应，可以把植物分为钙质土植物和嫌钙植物；生长在风沙基质中的植物又称为沙生植物。

酸性土植物只能生长在酸性土壤中，也就是说它们适合生长在土壤缺钙、多铁和铝的环境里。在土壤缺钙的情况下，土壤坚实、通气不良、缺水、土温较低、呈酸性和强酸性。这类植物在钙土上不能生长，例如，杜鹃、山茶、马尾松等都属于这类植物。

钙质土植物只有在石灰性含钙丰富的土壤中才能生长，所以又称喜钙植物。石灰性土壤的特点主要是富含碳酸钙，土壤呈碱性反应。钙对植物的生态作用，不但在于直接影响植物的代谢，还在于对土壤的物理结构、化学性质、营养状况，以及土壤微生物产生影响。这类植物如刺柏、西伯利亚落叶松、铁线蕨、野花椒、黄连木等。

沙生植物是生长在以沙粒为基质地区的植物，主要分布在荒漠、半荒漠、干草原和草原地带。这类植物有许多旱生植物的特征，如地面低矮、主根长、侧根分布广，叶片缩小退化以减少蒸腾，以利于获取水分，同时具有固沙作用，如白刺、骆驼刺、梭梭等。

盐土植物是一类具有特殊生态适应性的植物。盐土中可溶性盐含量达1%以上，主要是氯化钠与硫酸钠盐，土壤 pH 为中性，土壤结构未被破坏。我国内陆盐土形成是因气候干旱、地面蒸发大，地下盐水经毛细管上升到地面。海滨盐土主要是受海水浸渍而形成。盐土植物形态上植株矮小，枝干坚硬，叶子不发达、蒸腾表面缩小、气孔下陷，表皮具厚的外皮，常具灰白色绒毛；内部结构上，细胞间隙小，栅栏组织发达，有的具有肉质性叶，有特殊的储水细胞，能使同化细胞不受高浓度盐分的伤害；生理上，盐土植物具一系列的抗盐特性。根据对过量盐类的适应特点，又可分为聚盐性植物、泌盐性植物和不透盐性植物 3 类。

聚盐性植物能适应在强盐渍化土壤上生长，能从土壤里吸收大量可溶性盐类，并把这些盐类积聚在体内而不受伤害。这类植物的原生质对盐类的抗性特别强，能容忍 60%甚至更高的 NaCl 溶液，所以聚盐性植物也称为真盐生植物。它们的细胞液浓度也特别高，并有极低的渗透势，特别是根部的渗透势，远远低于盐土溶液的渗透势，所以能吸收高浓度土壤溶液中的水分。

聚盐性植物的种类不同，积累的盐分种类也不一样，例如，盐角草、碱蓬能吸收并积累较多的 NaCl 或 Na_2SO_4，滨藜能吸收并积累较多的硝酸盐。属于聚盐性植物的还有海蓬子、盐穗木、西伯利亚白刺等。

泌盐性植物的根细胞对于盐类的透过性与聚盐性植物接近，但是它们吸进体内的盐分并不积累在体内，而是通过茎、叶表面上密布的分泌腺（盐腺），把所吸收的过多盐分排出体外，这种作用称为泌盐作用。排除在叶、茎表面上的 NaCl 和 Na_2SO_4 等结晶，逐渐被风吹或雨露淋洗掉。

泌盐植物虽然能在含盐多的土壤上生长，但它们在非盐渍化的土壤上生长得更好，所以常把这类植物看作耐盐植物。柽柳、大米草、白骨壤、桐花树等滨海红树林植物，以及常见于盐碱滩上的药用植物补血草等，都属于这类泌盐性植物。

不透盐性植物的根细胞对盐类的渗透性非常小，所以它们虽然生长在盐土中，但在一定盐分浓度的土壤溶液里，几乎不吸收或很少吸收土壤中的盐类。这些植物细胞的渗透势也很低，但是不同于聚盐性植物，不透盐性植物细胞的低渗透势不是由于体内高浓度的盐类引起，而是由于体内含有较多的可溶性有机物质（如有机酸、糖类、氨基酸等）所引起，细胞的低渗透势同样提高了根系从盐碱土中吸收水分的能力，所以常把这类植物看作抗盐植物。蒿属、盐地紫菀、碱菀、盐地凤毛菊、獐茅等都属于这一类。

第3章 种群生态学

种群（population）是生态学中最重要的一个层次，它具有许多不同于个体的特征，是群落结构和功能的基本单位，很多环境变化都发生在种群这个层次，了解和掌握种群的基本特征、种内和种间的基本理论，是实施生态恢复、生态工程等方面的基础，具有重要意义。本章主要介绍种群及其基本特征、空间布局、动态、调节、繁殖、种内和种间关系。

3.1 种群及其基本特征

3.1.1 种群的概念和基本特征

种群是由同种个体组成的，占有一定的领域，是同种个体通过种内关系组成的一体或系统。种群是物种在自然界中存在的基本单位，也是物种进化的基本单位。从生态学观点看，种群还是生物群落的基本组成单位，即群落是由物种的种群所组成的。一般来说，种群的主要特征表现在以下3个方面：

（1）空间分布特征：种群内部个体与个体之间的紧密或松散的排列方式，可能是均匀分布、随机分布或成群分布。

（2）数量特征（密度或大小）：占有一定面积或空间的个体数量，即种群密度（population density），它是单位面积或单位容积内某种种群个体数目。另一个表示种群密度的方法是生物量，它是指单位面积或空间上个体的鲜物质或干物质的质量。

（3）遗传特征：种群具有一定的基因组成，即系一个基因库，以区别于其他物种，但基因组成同样是处于变动之中的。通过研究不同种群的基因库有何区别，种群的基因频率是如何从一个世代传递到另一个世代的，种群在进化过程中如何改变基因频率以适应环境的不断变化，进而揭示物种的分化机制。

3.1.2 种群的基本参数

绝对种群密度的四个基本参数是出生率（natality）、死亡率（mortality）、迁入地（immigrationrate）和迁出率（emigrationrate）。出生率和迁入率是影响种群增加的因素，而死亡率和迁出率是影响种群减少的因素，它们可以称为初级种群参数。另外，种群的年龄结构（age structure）、性别比（sex ratio）、种群增长（population growth）率等也共同决定着种群数量的变化。

1. 出生率和死亡率

出生率和死亡率是影响种群动态的两个因素。出生率是指种群增加的固有能力，它表述为任何生物产生新个体的情况。

出生率常分为最大出生率（maximum natality）和实际出生率（realized natality）或生态出生率（ecological natality）。最大出生率是指在理想条件下（即无任何生态限制因子，繁殖只受生理因素所限制）产生新个体的理论上的最大数量，对于某个特定种群，它是一个常数。实际出生率表示种群在某个真实的或特定的环境条件下的增长，是随着种群的组成和大小、物理环境条件的变化而变化的。

死亡率描述了种群个体的死亡情况，分为最小死亡率（minimum mortality）和实际死亡率（realized mortality）或生态死亡率（ecological mortality）。最小死亡率是指种群在最适环境条件下，种群中的个体都是因年老而死亡，即动物都活到了生理寿命（physiological longevity）后才死亡的情况。实际死亡率是指在某特定条件下丧失的个体数，它同生态出生率一样，不是常数，而是随着种群状况和环境条件改变的。

2. 迁入率和迁出率

迁入率和迁出率也是种群变动的两个主要因子，它们描述各地方种群之间进行基因交流的生态过程。在以往的工作中，由于迁入和迁出的数量难以确定，这个因素往往被忽视了，造成这种情况的部分原因是种群边界确定的人为间断性和物种分布的连续性之间的矛盾。

3. 种群的年龄结构和性别比

种群的年龄结构又称年龄分布（age distribution），是指种群中各个体年龄分布状况，即各年龄期个体在种群中所占的比例，它是种群的重要特征之一。种群中个体可区分为3个生态时期：繁殖前期、繁殖期、繁殖后期。研究种群动态不能离开种群的年龄结构，即使在繁殖期，不同年龄的生育能力也可能是不相同的。理论上说，种群在一个较恒定的环境里迁入和迁出保持平衡甚至不存在迁入和迁出，种群会趋向稳定年龄分布（stable age distribution），并且如果这种稳定年龄分布由于任何原因而被破坏，如自然灾害、开发利用等，种群的年龄组合仍将趋于自我恢复而回到原来的正常情况。稳定年龄分布的概念很重要，它从理论上提供了种群具有最大出生率和最小死亡率的根据，是种群的又一特征常数。

一般用年龄金字塔来表示种群的年龄结构，它是将各年龄级的比例从小到大用图表示。种群的年龄结构分为3种类型：增长型种群、稳定型种群和衰退型种群。图3-1是几种理论的年龄金字塔，尽管种群大小相同，但由于年龄结构不同，种群的繁殖能力不同。

性别比是指种群雌性个体与雄性个体的比例。种群的性别比例关系种群当前的生育率、死亡率和繁殖特点。受精卵的雄性个体与雌性个体比例大致是50∶50，这是第一性比，到幼体出生，第一性比会发生改变。幼体成长到性成熟这段时间里，由于种种原因，

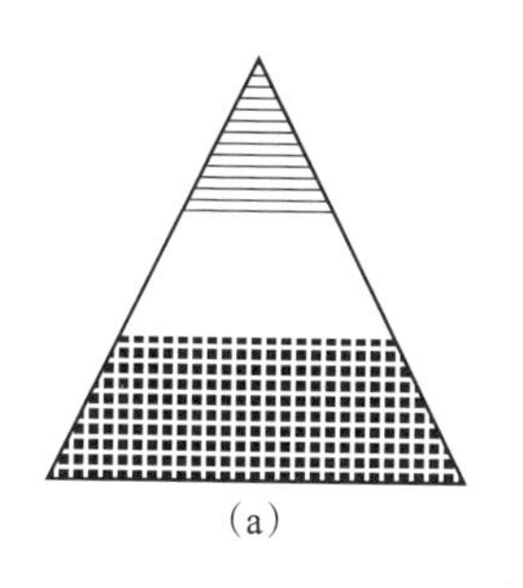
(a)

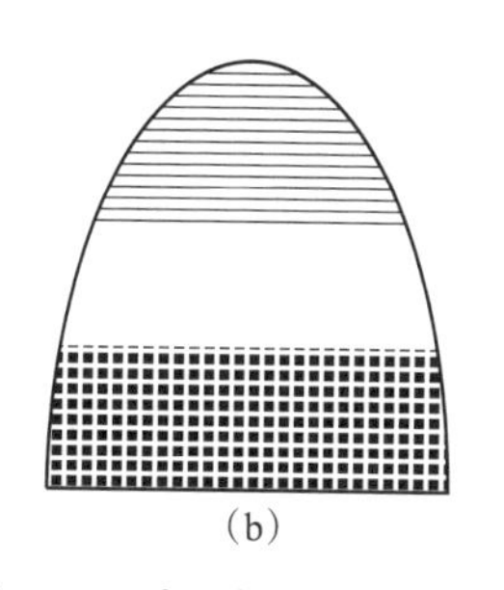
(b)

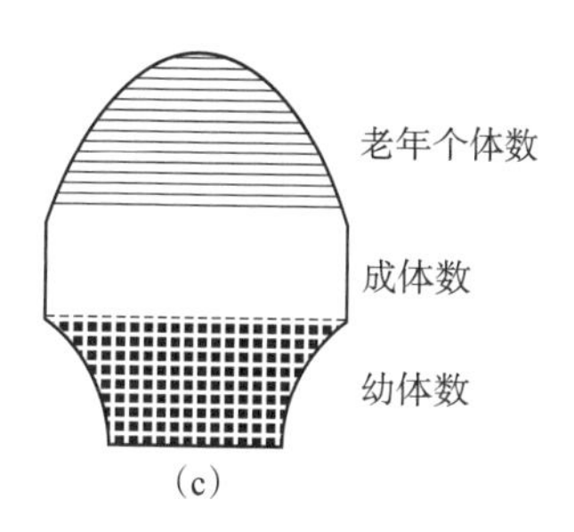

(c)

图 3-1　种群年龄组成的 3 种类型

(a) 增长型；(b) 稳定型；(c) 衰退型

雄性个体与雌性个体的比例继续变化，至个体开始性成熟为止，雄性个体与雌性个体的比例称为第二性比。此后，还会有充分成熟的个体性比，称为第三性比。

性别比和种群的配偶关系对出生率有很大影响，在单配种（即一夫一妻）中雄与雌的比例决定着繁殖力，例如，10 000 只椋鸟性别比为 60（雄）：40（雌），则夫妻对是 4 000 而不是 5 000，以每对产 5 只小椋鸟计算，则可出生的幼鸟有 20 000 只，而不是 25 000 只。对于多妻种（即一夫多妻）来说，如鹿群的雌性个体比雄性个体多几倍，也不影响出生率。而对于多夫种（即一妻多夫），如鹤群，情况则与之相反。在野生种群中，因性别比的变化有时也会发生配偶关系和交配行为的变动，这是种群自然调节的方式之一。与性别比相关联的因素，还有个体性成熟的年龄，即交配年龄，它也是对繁殖力有影响的内在因素。

3.2　种群的空间布局

3.2.1　种群的地理分布

种群的地理分布是指种群所在的地理范围。种群的地理分布范围取决于生态上适宜的栖息地。气候是决定植物分布的主要因素，在陆地环境中，温度和湿度是最重要的变量。例如，糖槭是美国东北部和加拿大南部的一个普遍树种，其分布受北方冬季低温的限制，不受限于南方夏季的高温，但受限于西部夏季的干旱，它们不能耐受夏季月平均温度高于 24 ℃或冬季低于-18 ℃的气候条件。

长距离迁移的障碍会限制种群的地理分布范围。如果人为打破这种障碍，有些种群就可以在一个新区域生存并扩散。例如，有人于 1890 年和 1891 年在纽约附近释放了 160 只欧椋鸟，在 60 年内，欧椋鸟种群的分布范围已超过了 $300\times10^4 km^2$，从东海岸一直延伸到西海岸。森林经营者为了得到木材和薪材而把快速生长的槟树和松树移植到了世界各地。有些物种是被人类的运输工具带来带去的，它们隐藏在运送的货物之中或附着在船身上，这些移居种在新到达的陆地和水域中常能生活得很好，得到广泛散布，在新栖息地的数量也比原来的自然种群多。

在种群的地理分布范围内，个体数量并不是在所有区域都相等。一般来说，个体只能生活在适宜的栖息地中，例如，槭树不能生长在沼泽、荒漠、新沙丘、新火烧地以及超出其生态忍受范围的其他各种栖息地。因此，槭树的地理分布区是由已占地区和未占地区拼接而成的。一个种群的地理分布范围应当包括种群成员在整个生命周期内曾经占有过的所有地区。所以，鲭鱼的分布区不仅应当包括作为其产卵地的河流，而且应当包括广阔的海洋地区，因为它们是在海洋中生长和成熟，并从那里开始进行回归出生地的长途洄游的。

3.2.2 集群和阿利规律

自然种群在空间分布上往往形成或大或小的群，它是种群利用空间的一种形式。例如，许多海洋鱼类在产卵、觅食、越冬洄游时表现出明显的集群现象。生物产生集群的原因可能包括以下几方面：①对栖息地的食物、光照、温度、水等生态因子的共同需要，如一只死鹿，作为食物和隐蔽地，招揽来许多食腐动物而形成群体。②对昼夜天气或季节气候的共同反应。如过夜、迁徙、冬眠等形成群体。③繁殖的结果。由于亲代对某环境有共同的反应，将后代（卵或仔）产于同一环境，后代由此一起形成群体，如鳗鲡，产卵于同一海区，幼仔一起聚为洄游性集群，从海区游回江河。家族式的集群也是由类似原因所引起的，但是家族当中的个体之间具有一定的亲缘关系。④被动运送的结果。例如，强风、急流可以把一些蚊子、小鱼运送到某一风速或流速较为缓慢的地方，形成群体。⑤个体之间社会吸引力（social attraction）相互吸引的结果。集群生活的动物，尤其是永久性集群动物，通常具有一种强烈的集群欲望，这种欲望正是由于个体之间的相互吸引力所引起的。

种群的密度是种群生存的一个重要参数，它与种群中个体的生长、繁殖等特征有密切关系。外界环境条件对种群的数量（密度）有影响，而种群本身也具有调节其密度的机制，以响应外界环境的变化。很多研究表明，种群密度的增加，倘若是在一定水平内，常常能提高成活率、降低死亡率，其种群增长状况优于密度过低时的增长状况。但是，种群密度过高时，由于食物和空间等资源缺乏，排泄物的毒害以及心理和生理反应，则会产生不利的影响，导致出生率下降、死亡率上升，产生所谓的拥挤效应（overcrowding effect）。相反，种群密度过低，雌雄个体相遇机会太少，也会导致种群的出生率下降，并因此产生一系列生态后果。因此，种群密度过低（under crowding）和过密（over crowding）对种群的生存与发展都是不利的，每一种生物种群都有自己的最适密度（optimum density），这就叫阿利规律（Allee's law）。阿利规律对于濒临灭绝的珍稀动物的保护有指导意义。阿利规律对指导城市的最适大小等人类社会问题也很有意义。

3.3 种群的动态

3.3.1 种群密度

一个种群全体数目的多少，叫种群大小（size）。而单位空间内的种群数量叫种群密度（population density），通常以单位面积或单位体积的个体数目或种群生物量表示。例如，每公顷200株树，每立方米水体500万硅藻。种群密度可分为粗密度和生态密度。粗密度（crude density）是指单位空间内的生物个体数（或生物量）；生态密度（ecological density）则是指单位栖息空间（种群实际占有的有用面积或空间）的个体数量（或生物量）。生态密度常大于粗密度。由于在很多情况下，种群密度很难用个体逐一计算，常采用相对密度来表示种群数量的丰富程度。所以，种群密度又可分为绝对密度和相对密度。前者是指单位面积或单位空间的实有个体数，后者是指个体数量多少的相对指标。

实际上种群密度每时每刻都在变化，考虑时间的变化关系，用相对湿度来表示某一时间范围内种群的个体数目。比如鸟类的相对多度就是指每小时内看到的或听见的鸟的数目；哺乳动物的相对多度就是指10 km路线上左边500 m处所碰到的大型哺乳动物的数目。一般用5级表示。

第5级个体极多；

第4级个体多；

第3级个体中等；

第2级个体不多；

第1级个体很少或稀少。

在统计植被的种群密度时，常常用盖度来精确地表示多度的数值，盖度指的是植物地上器官在地上的投影面积与一定土地面积之比（用%表示）。

在多数情况下，种群密度的高低取决于环境中可利用的物质和能量的多少、种群对物质和能量利用效率的高低、生物种群营养级的高低及种群本身的生物学特性（如同化能力的高低）等。

3.3.2 种群统计

出生率和死亡率是影响种群动态的两个因素。出生率是指种群增加的固有能力，泛指任何生物产生新个体的能力，包括分裂、出芽（低等植物、微生物）、结籽、孵化、产仔等多种方式。

最大出生率（有时还称绝对或生理出生率）是在理想条件下（即无任何生态限制因子，繁殖只受生理因素所限制）产生的新个体在理论上的最大数量，对某个特定种群，它是一个常数。生态出生率或实际出生率表示种群在某个现实或特定的环境条件下的增长。种群的实际出生率不是一个常数，它随种群的大小、年龄结构和物理环境条件的变化而变化。出生率通常以比率来表示，即将新产生个体数除以时间（绝对出生率或总出生率），或以单位时间每个个体的新生个体数表示（特定出生率）。假定一个池中具有一个有50个原生动物个体的种群，在1h内通过分裂增加到150个，则绝对出生率就是100个/h，特定出生率是每个个体（原来50个）产生2个/h。

死亡率（mortality）描述种群个体死亡的速率。像出生率一样，死亡率可以用给定时间内死亡个体数（单位时间内死亡个体数）表示，也可以用特定死亡率，即单位时间内死亡个体数占初始种群个体数的比例来表示。最低死亡率是种群在最适环境条件下，种群中的个体都是因年老而死亡，即动物都活到了生理寿命后才死亡的情况。种群的生理寿命是指种群处于最适条件下的平均寿命，而不是某个特殊个体可能具有的最长寿命。生态死亡率或实际死亡率，是在某特定条件下丧失的个体数，它同生态出生率一样，不是常数，而是随着种群状况和环境条件的变化而变化。

3.3.3 种群增长

3.3.3.1 种群的内禀增长率

在自然界中，种群的数量是不断变化的，种群的增长率与出生率、死亡率有直接联系。当条件有利时，种群数量增加，增长率是正值；当条件不利时，种群数量下降，增长率是负值。种群在无限制的环境条件下（食物、空间不受限制，理化环境处于最佳状态，没有天敌等）的瞬时增长率称为内禀增长率（innate rate of increase，r_m），即种群的最大增长率。内禀增长率也称为生物潜能（biotic potential）或生殖潜能（reproductive potential），是物种固有的，由遗传特性所决定。通常人们通过在实验室提供最有利的条件来近似地测定种群的内禀增长率。例如，林昌善等（1964）曾对杂拟谷盗的实验种群测定过 r_m 值，$r_m=0.0742$，即该种群以平均每日每雌增加 0.074 2 个雌体的速率增长。

种群增长率可按下式计算：

$$r=\ln R_0/T$$

式中，T——世代时间，指种群中子代从母体出生到子代再产子的平均时间；

R_0——世代净增殖率，即 R_0=第 $t+1$ 世代的雌性幼体出生数/第 t 世代的雌体幼体出生数。

从 $r=\ln R_0/T$ 来看，r 值的大小，随死值增大而增大，随 T 值的增大而变小。在计划生育中要使 r 值变小，可以通过两种方式来实现：①降低死值，即使世代增殖率降低，即限制每对夫妇的子女数；②使 T 值增大，即可以通过推迟首次生育时间和晚婚来达到。

3.3.3.2 种群的指数增长率

有些生物可以连续进行繁殖，没有特定的繁殖期，在这种情况下，种群的数量变化可以用微分方程表示：

$$dN/dt=(b-d)N$$

式中，dN/dt——种群的瞬时数量变化；

b 和 d——每个个体的瞬时出生率和死亡率。

在这里，出生率和死亡率可以综合为一个值 r，即：

$$r=b-d$$

其中 r 值就被定义为瞬时增长率，因此种群的瞬时数量变化就是：

$$dN/dt=rN$$

显然，若 $r>0$，种群数量就会增长；

若 $r<0$，种群数量就会下降；

若 $r=0$，种群数量不变。

3.3.4 种群的数量变动

自然种群的研究表明，种群数量具有两个重要的特征。第一是波动性，在每一段时间之间（年、季节）种群数量都有所不同；第二是稳定性，尽管种群数量存在波动，但大部分的种群不会无限制地增长或无限制地下降而发生灭绝，因此种群数量在某种程度上维持在特定的水平上。种群数量在相当长时间内维持在一个水平上的情形称为种群平衡。所谓平衡，指的是在一年中的出生数和死亡数大致相等，种群数量基本稳定。这种平衡是相对的。

种群的数量很少持续保持在某一水平，通常是在一定的最小和最大密度范围之间波动。当种群长久处于不利的环境条件下，或受到人类过度捕杀或栖息地受到严重破坏时，种群数量就可能下降，甚至灭亡。种群数量波动幅度取决于生物种类及其具体环境条件。如果环境条件经常改变，那么数量波动就比较明显。

依据是否为周期性变化，种群数量的波动分为不规则波动和周期性波动。

3.3.4.1 季节波动

季节波动（seasonal variation）是指种群数量在一年的不同季节的数量变化。这是由于环境因子季节性变化的影响，而使生活在该环境中的生物产生与之相适应的季节性消长的生活史节律，属于周期性的波动。如一年中只有一次繁殖季节的种群，该季节的种群数量最多，以后由于自然死亡或被其他动物捕食，其数量就逐渐下降，直至翌年的繁殖季节。在许多热带地区，虽然无冬夏之分，但有雨季和旱季之别。种群的繁殖常集中于雨季，种群数量的消长也随季节而变动。温带湖泊和海洋浮游植物（主要是硅酸藻）每年在春秋两季有一个增长高峰，而在冬夏两季种群数量下降。

3.3.4.2 年际波动

年际波动（annual variation）是指种群在不同年份之间的数量变动。年际波动可能是不规则的，不规则的年际波动通常与环境条件有关，特别是气候因子的影响较大。例如，根据营巢统计结果，英国某些地区的苍鹭，数量大致稳定，年波动不大，但在有严寒冬季的年份，苍鹭数量就会下降，若连年冬季严寒，其数量就下降得更多，但在恢复正常后，其种群就能恢复到多年的平均水平。这说明气候因素对苍鹭种群数量变化起着决定性作用。

一些年际波动表现为规则的、具有周期性波动现象。这种数量波动的特点可能与种群自身的遗传特性有关。例如，北方的啮齿动物，如旅鼠和北极狐，种群数量以 3~4 年为一个周期呈现波动；美洲兔和加拿大狗以 9~10 年为一个周期呈现种群数量波动。

3.3.4.3 种群的衰落和灭亡

当种群长久处于不利条件下（人类过度捕猎或栖息地被破坏），其数量会出现持久性下降，即种群衰落，甚至灭亡。个体大、出生率低、生长慢、成熟晚的生物，最易出现这种情况。种群衰落和灭亡的速率在近代大大加快了，究其原因，不仅是人类的过度捕杀，更严重的是野生生物的栖息地被破坏，剥夺了物种生存的条件。种群的持续生存，不仅需要有保护良好的栖息环境，而且需要有足够的数量达到最低种群密度，过低的数量因近亲繁殖而使种群的生育力和生活力衰退。

3.3.4.4 种群的暴发

具有不规则或周期性波动的生物都可能出现种群的暴发。最闻名的暴发见于害虫和害鼠，还有近些年经常发生的赤潮。赤潮是指水中一些浮游生物（如腰鞭毛虫、裸甲藻、棱角藻及夜光藻等）暴发性增殖引起水色异常的现象，主要发生在近海，又称红潮。它是由于有机污染，即水中氮、磷等营养物过多形成富营养化所致。其危害主要有：①藻类死体的分解，大量消耗水中溶解氧，使鱼、贝等窒息而死；②有些赤潮生物产生毒素，杀害鱼、贝，甚至距离海岸 64 km 的人，也会受到由风带来毒素的危害，造成呼吸和皮肤的不适。

3.3.4.5 生物入侵

借助气流、风暴和海流等自然因素或人为作用，一些植物种子、昆虫、微小生物及多种动物被带入新的生态系统，在适宜气候、丰富食物营养供应和缺乏天敌抑制的条件下，得以迅速增殖，在新的生境下得以一代代繁衍，形成对本地种的生存威胁。这种由于人类有意识或无意识地把某种生物带入适宜其栖息和繁衍的地区，造成其种群不断扩大，分布区逐步稳定地扩展的过程称为生物入侵（biological invasion），入侵的成功与否与多方面的因素有关：物种自身的生态生理特点，入侵地的气候，食物和隐蔽场所的状况，侵入当时造成的后果引起人们关注程度的大小等。

3.4 种群的调节

3.4.1 种群调节与调节因素

种群调节（population regulation）是指种群变动过程中趋向恢复到其平均密度的机制。由于生态因子的作用，使种群在生物群落中，与其他生物成比例地维持在某一特定密度水平上的现象叫种群的自然平衡，这个密度水平叫作平衡密度。能使种群回到原来平衡密度的因素称为调节因素。根据种群密度与种群大小的关系，通常将影响种群调节的因素分为密度制约（density dependent）和非密度制约（density independent）两类。也可将影响种群调节的因素分为外源性（exogenous）因素和内源性（endogenous）因素两大类。

密度制约因素的作用与种群密度相关，主要由生物因子所引起。例如，随着密度的上升，死亡率增高，或生殖率下降，或迁出率升高。密度制约因素主要是生物性因素，如捕食、竞争以及动物社会行为等。

非密度制约因素是指那些影响作用与种群本身密度大小无关的因素，主要由气候因子所引起，如温度、降雨、食物数量、污染物等。如食物来源对种群数量的影响，当食物来源不足时，吃该食物的种群数量就会减少；反之，就增多。

实际上，这两类种群调节因素的作用是相互联系、难以分开的，至于哪一些因素相对重要，生态学家们提出了许多不同的学说来探讨种群的动态机制。

3.4.2 外源性因子调节学说

3.4.2.1 非密度制约的气候学派

气候学派强调非生物环境因素是种群动态的决定因素，认为气候因子是种群数量变动的主要动因。如以色列学者 F. S. Bidenheimer 认为昆虫的早期死亡有 85%~90%是由于不良天气条件引起的。气候学派多以昆虫为研究对象，认为生物种群主要是受对种群增长有利的气候的时间短暂所限制。因此，种群从来没有足够的时间增殖到环境容纳量所允许的数量水平，不会产生食物竞争。

3.4.2.2 密度制约的生物学派

生物学派主张捕食、寄生、竞争等生物过程对种群调节起决定作用。他们认为没有一个自然种群能无限制增长，因此必然有许多限制种群增长的因素。从长期来说，种群有一个平衡密度，即种群具有相对稳定性。例如，澳大利亚生物学家 A. J. Nicholson 批评气候学派混淆了两个过程：消灭和调节。他举例说明：假设一个昆虫种群每个世代增加 10 倍，而气候变化消灭了 98%；那么这个种群仍然要每个世代增加 1 倍。但如果存在一种昆虫的寄生虫，其作用随昆虫密度的变化而消灭了另外的 1%，这样种群数量便得以调节并能保持稳定。在这种情况下，寄生虫消灭的虽少却是种群的调节因子。由此他认为只有密度制约因子才能调节种群的密度。

3.4.2.3 折中学派

20 世纪 50 年代气候学派和生物学派发生激烈论战，但也有的学者提出折中的观点。如 A. Milne 既承认密度制约因子对种群调节的决定作用，也承认非密度制约因子具有决定作用。他把种群数量动态分成 3 个区，极高数量、普通数量和极低数量。在对物种最有利的典型环境中，种群数量最高，密度制约因子决定种群的数量；在环境条件极为恶劣的条件下，非密度制约因子左右种群数量变动。这派学者认为，气候学派和生物学派的争论反映了他们工作地区环境条件的不同。

3.4.3 内源性因子调节学说

内源性因子调节学说又称为自动调节学说，持这种学说的学者将研究焦点放在动物种群内部，强调种内成员的异质性，特别是各个体之间的相互关系在行为、生理和遗传特性上的反映。他们认为种群有一平衡密度，且由种群内部的因素起决定性的调节作用。这些调节因子包括行为、内分泌和遗传因素，因而又可称为行为调节、内分泌调节和遗传调节学说。

3.4.3.1 行为调节学说

行为调节学说由英国生态学家温·爱德华（Wyune Edwards，1962）提出。主要内容是：种群中的个体（或群体）通常选择一定大小的有利地段作为自己的领域，以保证存活和繁殖。但是在栖息地中，这种有利的地段是有限的。随着种群密度的增加，有利的地段都被占满，剩余的社会等级比较低的从属个体只好生活在其他不利的地段中，或者往其他地方迁移。那部分生活在不利地段中的个体由于缺乏食物以及保护条件，易受捕食、疾病、不良气候条件所侵害，死亡率较高，出生率较低。这种高死亡率和低出生率以及迁出，也就限制了种群的增长，使种群维持在稳定的数量水平上。

3.4.3.2 内分泌调节学说

内分泌调节学说由美国学者 Christian（1950）提出。他认为当种群数量上升时，种群内部个体经受的社群压力增加，加强了对动物神经内分泌系统的刺激，影响脑下垂体的功能，引起生长激素和促性腺激素分泌减少，而促肾上腺皮质激素分泌增加，结果导致出生率下降，死亡率上升，从而抑制了种群的增长。这样，种群增长因上述生理反馈机制而得到抑制或停止，从而又降低了社群压力。该学说主要用来解释哺乳动物的种群调节。

3.4.3.3 遗传调节学说

英国遗传学家 E. B. Ford 认为，当种群密度增高时，自然选择压力松弛下来，结果是种群内变异性增加，许多遗传型较差的个体存活下来，当条件回到正常的时候，这些低质的个体由于自然选择的压力增加而被淘汰，于是降低了种群内部的变异性。他指出，种群密度的增加必然会为种群密度的减少铺平道路。

D. Chitty 提出一种解释种群数量变动的遗传调节模式。他认为，种群中的遗传双态现象或遗传多态现象有调节种群的意义。例如，在啮齿类动物中有一组基因型是高进攻性的，繁殖力较强，而另一组基因型繁殖力较低，较适应于密集条件。当种群数量初上升时，自然选择有利于第一组，第一组逐步代替第二组，种群数量加速上升。当种群数量达到高峰时，由于社群压力增加，相互干涉增加，自然选择不利于高繁殖力的，而有利于适应密集的基因型，于是种群数量又趋于下降。这样，种群就可进行自我调节。可见，D. Chitty 的学说是建立在种群内行为以及生理和遗传变化基础之上的。

3.5 种群的繁殖

3.5.1 繁殖成效

有机体在生活史中的各种生命活动都要消耗资源，只有对有限能量和资源协调利用，才能促进自身的有效生存和繁殖。个体现时的繁殖输出与未来繁殖输出的总和称为繁殖成效（reproductive effort）。繁殖成效衡量个体在生产子代方面对未来世代生存与发展的贡献。应该说，繁殖成效是物种固有的遗传特性，但在变化的环境中也具有一定的生态可塑性。

3.5.1.1 繁殖价值

所谓繁殖价值（reproductive value），是指在相同时间内特定年龄个体相对于新生个体的潜在繁殖贡献。包括现时繁殖或称当年繁殖价值（present reproductive value）和剩余繁殖价值（residual reproductive value）两部分。前者表示当年生育力（M）。后者表示余生中繁殖的期望值（RRV）。这样，繁殖价值（RV）就可以通过以下公式表达：

$$RV = M + RRV$$

3.5.1.2 亲本投资

有机体在生产子代以及抚育和管护时所消耗的能量、时间和资源量称亲本投资（parental investment）。一般来说，雌雄个体之间的投资比例，大多数物种极为悬殊。以鸟类为例，雄鸟一次受精所排出的精子虽然有亿万个之多，但是总质量不超过它体重的5%，并且绝大部分没有投在子代身上。而雌鸟要为受精卵储备营养，产蛋后还要孵育。一只鸟蛋是母体体重的15%~20%，许多种鸟的一窝蛋总质量就可超过雌鸟本身的体重，但整个生和育的过程所耗费的物质和能量要比形成鸟蛋多数百倍。有些鸟类由雌雄双亲孵育子代，这样便在一定程度上增加了雄性亲本的投资比重。哺乳动物双亲投资的差别更大。也有少数动物由雄性亲本单独承担抚育任务。

3.5.1.3 繁殖成本

繁殖和生存是权衡有机体适应性的两个基本成分。虽然可以预期一个生物的适应性将直接与它生产的子代数量成比例的增加，但实际上，繁殖要使生长和存活付出成本。生活史中的各个生命环节（例如，维持生命、生长和繁殖，乃至各种竞争），都要分享有限资源。如果增加某一生命环节的能量分配，就必然要以减少其他环节能量分配为代价，这就是Cody（1996）所称谓的“分配原则”（principle of allocation）。有机体在繁殖后代时对能量或资源的所有消费称为繁殖成本（reproductive costs），成功的生活史是能量协调使用的结果。

3.5.2 繁殖格局

对一些生物来说，它繁殖新世代之际就是自己生命结束之时。但对大多数生物来说，子代出生并不意味着亲代的死亡，因为个体的生命在繁殖阶段结束以后，还要经历一个衰老的过程。因此，只有把生物繁殖格局（reproductive patterns）的多样性进行科学归类，才能对繁殖格局与生活史其他环节的相互联系，乃至生物生态学特征的相似性及差异等，有一个系统的了解。

3.5.2.1 一次繁殖和多次繁殖

在生活史中，只繁殖一次即死亡的生物称为一次繁殖生物（semelparity），而一生中能够繁殖多次的生物称为多次繁殖生物（iteroparity）。一次繁殖生物无论生活史长短，在个体发育中，每个阶段只循序出现一次，没有重复过程。所有一年生植物和二年生植物、绝大多数昆虫种类以及多年生植物中的竹类、某些具有顶生花序棕榈科植物都属于一次繁殖类型。多次繁殖生物在性成熟以前的各个阶段只出现一次，但在繁殖阶段却要多次重复繁殖过程，个体发育的各个阶段，特别是衰老阶段也都较长。大多数多年生草本植物、全部乔木和灌木树种、高等动物（如哺乳类、鸟类、爬行类、两栖类以及鱼类的绝大多数种类），都属于多次繁殖类型。

3.5.2.2 生活年限与繁殖

生物学上习惯用年表达生物在整个生活史所经历的时间，把植物划分为一年生植物、二年生植物和多年生植物；把动物按类群分别划分为短命型、中等寿命型和长寿型，用以表征各组存活时间的相对长短。有机体的生活年限（lifespan）或寿命（lifetime）既具有遗传性，也具有较大的生态可塑性。通常称前者为生理寿命，后者为实际寿命或生态寿命。繁殖需要营养代价，在个体较小时就开始繁殖的有机体，其死亡的危险性较大。相比之下，如果是在生长空间已被占据且生态条件又是有利的生境，对于一次繁殖生物来说，由于延迟繁殖可使个体增大，从而增大了竞争力和存活力，要比提前繁殖的个体留下更多的子代，自然选择有利于延迟繁殖个体。在资源有限且竞争苛刻的环境下，多次繁殖生物因个体大，亲体可以100%存活繁殖，而一次繁殖生物因个体小，仅有很少能存活繁殖，自然选择将有利于多次繁殖个体。

3.5.3 繁殖策略

MacArthur 和 Wilson（1976）按生物栖息的环境和进化的策略把生物分为r-对策者和K-对策者两大类。r-对策者（r-strategistis）适应不可预测的多变环境（如干旱地区和寒带），具有能够将种群增长最大化的各种生物学特性，即高生育力、快速发育、早熟、成年个体小、寿命短且单次生殖多而小的后代。一旦环境条件好转，就能以其高增长率，迅速恢复种群，使物种得以生存。K—对策者（K-strategistis）适应可预测的稳定的环境。在稳定的环境（如热带雨林）中，由于种群数量经常保持在环境容纳量（K）水平上，因而竞争较为激烈。K-对策者具有成年个体大、发育慢、生殖迟、产仔（卵）少而大，但多次生殖、寿命长、存活率高的生物学特性，以高竞争能力在高密度条件下得以生存（见表 3-1）。

表 3-1　r-对策者和 K-对策者生物的特征

特征	r-对策者	K-对策者
出生率	高	低
发育	快	慢
体型	体型小	体型大
生育投资	提早生育，单次生殖	缓慢发育，多次生殖
寿命	短，通常不到 1 年	长，通常大于 1 年
竞争能力	弱	强
死亡率	高，灾难性的，非密度制约	低，有规律性，密度制约
种群大小	大，不稳定，种群大小波动大	小，稳定，种群大小在 K 值附近
存活曲线	属Ⅲ型，幼体存活率低	属Ⅰ或Ⅱ型，幼体存活率高
适应气候	多变，难以预测，不确定	稳定，可预测，较确定
导致	高生育力	高存活率

因此，可以说在生存竞争中，K-对策者是以“质”取胜，而 r-对策者则是以“量”取胜；K-对策者将大部分能量用于提高存活率，而 r-对策者则是将大部分能量用于繁殖。在大分类单元中，大部分昆虫和一年生植物可以看作 r-对策者，而大部分脊椎动物和乔木可以看作 K-对策者。在同一分类单元中，同样可进行生态对策比较，如哺乳动物中的啮齿类大部分是 r-对策者，而象、虎、熊猫则是 K-对策者。

3.6　种内关系和种间关系

3.6.1　种内关系

生物在自然界长期发育与进化的过程中，出现了以食物、资源和空间关系为主的种内与种间关系。我们把存在于各个生物种群内部的个体与个体之间的关系称为种内关系（intraspecific relationship），包括密度效应、动植物性行为（植物的性别系统和动物的婚配制度）、领域性和社会等级等。大量的事实表明，生物的种内与种间关系包括许多作用类型，是认识生物群落结构与功能的重要特性。

3.6.1.1　集群

集群（aggregation 或 society、colony）现象普遍存在于自然种群当中。同一种生物的不同个体，或多或少都会在一定的时期内生活在一起，从而保证种群的生存和正常繁殖，因此集群是一种重要的适应性特征。在一个种群当中，一些个体可能生活在一起而形成群体，但是另一部分个体却可能是孤独生活的。例如，尽管大部分狮子以家族方式进行集群生活，但是另一些个体则是孤独生活着。

根据集群后群体持续时间的长短，可以把集群分为临时性（temporary）和永久性（permanent）两种类型。永久性集群存在于社会动物当中。所谓社会动物，是指具有分工协作等社会性特征的集群动物。社会动物主要包括一些昆虫（如蜜蜂、蚂蚁、白蚁等）和高等动物（如包括人类在内的灵长类等）。社会昆虫由于分工专化的结果，同一物种群体的不同个体具有不同的形态。

动物群体的形成可能是完全由环境因素所决定的，也可能是由社会吸引力（social attraction）所引起，根据这两种不同的形成原因，动物群体可分为两大类：前者称为集会（aggregation 或 collection）；后者称为社会（society）。

动物的集群（成群分布）生活往往具有重要的生态学意义。

（1）有利于改变小气候条件。例如，皇企鹅在冰天雪地的繁殖基地的集群能改变群内的温度，并减少风速。社会性昆虫的群体甚至能使周围的温湿度条件相对稳定。

（2）集群甚至能改变环境的化学性质。阿利（Allee，1931）的研究证明，鱼类在集群条件下比个体生活时对有毒物质的抵御能力更强。另外，在有集群鱼类生活过的水体中放入单独的个体，其对毒物的耐受力也明显提高。这可能与集群分泌黏液和其他物质以分解或中和毒物有关。

（3）集群有利于物种生存，如共同防御天敌，保护幼体等。

3.6.1.2 密度效应

在种内关系方面，动物种群和植物种群的表现有很大区别，动物种群的种内关系主要表现在等级制、领域性、集群和分散等行为上；而植物种群则不同，除了有集群生长的特征外，更主要的是个体之间的密度效应（density effect），反映在个体产量和死亡率上。在一定时间内，当种群的个体数目增加时，就必然会出现邻接个体之间的相互影响，称为密度效应或邻接效应（the effect of neighbours）。种群的密度效应是由矛盾着的两种相互作用决定的，即出生和死亡、迁入和迁出。凡影响出生率、死亡率和迁移的理化因子、生物因子都起着调节作用，种群的密度效应实际上是种群适应这些因素综合作用的表现。如3.4.1所述，影响因素可分为密度制约和非密度制约两类。如可将气候因素、大气二氧化碳浓度等随机性因素看成非密度制约因素，捕食、寄生、食物、竞争等看成密度制约因素。

3.6.1.3 种内竞争

生物为了利用有限的共同资源，相互之间所产生的不利或有害的影响，这种现象称为竞争（competition）。某一种生物的资源是指对该生物有益的任何客观实体，包括栖息地、食物、配偶，以及光、温度及水等各种生态因子。

竞争的主要方式有两类：资源利用性竞争（exploitation competition）和相互干涉性竞争（interference competition）。在资源利用性竞争中，生物之间并没有直接的行为干涉，而是双方各自消耗利用共同资源，由于共同资源可获得量减少从而间接影响竞争对方的存活、生长和生殖，因此资源利用性竞争也称为间接竞争（indirect competition）。相互干涉性竞争又称为直接竞争（direct competition），直接竞争中，竞争者相互之间直接发生作用。例如，动物之间为争夺食物、配偶、栖息地所发生的争斗。

3.6.1.4 他感作用

他感作用（allelopathy）也称作异株克生，通常是指一种植物通过向体外分泌代谢过程中的化学物质，对其他植物产生直接或间接的影响。这种作用是生存斗争的一种特殊形式，种间、种内关系都有此现象。如北美的黑胡桃（juglans nigra），抑制离树干 25 m 范围内植物的生长，彻底杀死许多植物，其根抽提物含有化学物质苯醌，可杀死紫花苜蓿和番茄类植物。

他感作用具有重要的生态学意义：①对农林业生产和管理具有重要意义。如农业的歇地现象就是由他感作用使某些作物不宜连作造成的。②他感作用对植物群落的种类组成有重要影响，是造成种类成分对群落的选择性以及某种植物的出现引起另一类消退的主要原因之一。③他感作用是引起植物群落演替的重要内在因素之一。

3.6.2 种间关系

3.6.2.1 种间竞争

种间竞争是指具有相似要求的物种，为了争夺空间和资源而产生的一种直接或间接抑制对方的现象。在种间竞争中，常常是一方取得优势，而另一方受抑制甚至被消灭。种间竞争的能力取决于种的生态习性、生活型和生态幅度等。具有相似生态习性的植物种群，在资源的需求和获取资源的手段上竞争都十分激烈，尤其是密度大的种群更是如此。植物的生长速率、个体大小、抗逆性及营养器官的数目等都会影响到竞争的能力。

1. 高斯假说

苏联生态学家 G. F. Gause（1934）首先用实验方法观察两个物种之间的竞争现象，他用草履虫为材料，研究两个物种之间直接竞争的结果。他选择两种在分类上和生态习性上很接近的草履虫——双小核草履虫（paramecium aurelia）和大草履虫（paramecium caudatum）进行试验。取两个物种相等数量的个体，用一种杆菌为饲料，放在基本上恒定的环境里培养。开始时两个物种都有增长，随后双小核草履虫的个体数增加，而大草履虫个体下降，16 d 后只有双小核草履虫生存，而大草履虫趋于灭亡。这两种草履虫之间没有分泌有害物质，主要就是其中的一种增长得快，而另一种增长得慢，因竞争食物，增长快的种排挤了增长慢的种。这就是当两个物种利用同一种资源和空间时产生的种间竞争现象。两个物种越相似，它们的生态位重叠就越多，竞争就越激烈。这种种间竞争情况后来被英国生态学家称为高斯假说。

2. 生态位理论

生态位（niche）是指在自然生态系统中一个种群在时间、空间上的位置及其与相关种群之间的功能关系。1917 年，格林内尔首次提出"生态位"一词，他认为，生态位是描述一种生物在环境中的地位并代表最基本的分布单位，即生物栖息场所的空间单位，指的是空间生态位。生物的生态位既有理论上的基础生态位和现实中的实际生态位之分，又有空间和功能的双重含义。

高斯（1934）的竞争排斥原理认为："生态学上接近的两个物种是不能在同一地区生活的，如果在同一地区生活，往往在栖息地、食性或活动时间方面有所分离。"或者说：生物群落中两种生物不能占据相同的生态位。生态位理论虽然已在种间关系、种的多样性、种群进化、群落结构、群落演替以及环境梯度分析中得到广泛应用，但许多学者对生态位的概念长期争论不休。因此，关于生态位的定义也是多样化的。

3.6.2.2 捕食

生物种群之间除竞争食物和空间等资源外，还有一种直接的对抗关系，即一种生物吃掉另一种生物的捕食作用（predation）。生态学中常用捕食者（predator）与猎物或被食者（prey）的概念来描述。

这种捕食者与猎物的关系，往往在对猎物种群的数量和质量的调节上具有重要的生态学意义。在自然环境中，有许多因素影响着捕食者与猎物的关系，而且经常是多种捕食者和多种猎物交叉着发生联系。多食性的捕食者可以选择多种不同的食物，给自身带来更多的生存机会，也具有阻止被食者种群数量进一步下降的重要作用。相反，就被食者而言，当它的密度上升较高时，可能会引来更多的捕食者，从而阻止其数量继续上升。

3.6.2.3 种间寄生

寄生（parasitism）是一个物种从另一个物种的体液、组织或已消化物质中获取营养并对宿主造成危害的行为。具有寄生能力的物种为寄生物，被寄生的物种为寄主或宿主。一般寄生物比寄主小。寄生在自然界中非常广泛，几乎所有的生物体中都有寄生物存在，甚至一些细菌等也有病毒或噬菌体寄生在体内（超寄生）。

寄生的形式因寄生物与寄主的关系而有所不同。营寄生的有花植物可明显地分为全寄生和半寄生两类。全寄生植物的叶绿素完全退化，无光合能力，因此营养完全来源于宿主植物，如大花草、白粉藤属，它们仅保留花，身体的所有其他器官都转变为丝状的细胞束，这种丝状体贯穿到寄主细胞的间隙中，吸取寄主植物的营养；半寄生植物能进行光合作用，但根系发育不良或完全没有根，所以水和无机盐类营养需从寄主植物体中获取，在没有宿主时则停止生长，如槲寄生和小米草。

3.6.2.4 种间共生

1. 偏利共生

偏利共生（commensalism）是指相互作用的两个物种，对一方有益，而对另一方既无利也无害。附生植物，如树冠上的苔藓和地衣，在一般情况下，对附着的植物不会造成伤害，因此，它们之间的关系属于偏利作用。动物中鲫鱼用吸盘将其与鲨鱼或鲸鱼连接起来，虽从中得到剩食和保护，但对宿主并不构成妨碍；许多动物以其他动物的栖息地作为隐蔽处，某些鸟类栖息于其他鸟的弃巢中，小型动物分享大动物居所以及植物为动物提供隐蔽场所等都是偏利作用的表现。

2. 互利共生

互利共生（mutualism）是指两个物种长期共同生活在一起，彼此相互依赖，双方获利且达到了彼此离开后不能独立生存程度的一种共生现象。共生性互利共生发生在以一种紧密的物理关系生活在一起的生物体之间。菌根、根瘤（固氮菌和豆科植物等根系的共生）是共生性互利共生的典型例子。非共生性互利共生包含不生活在一起的种类。如清洁鱼（cleaner fish）不与“顾客”鱼（“customer” fish）生活在一起，但可以从“顾客”鱼身上移走寄生物和死亡的皮肤并以此为食。另外，动物与植物也有共生关系，如中美洲伪蚁属的一种蚂蚁与圆棘金合欢之间的共生关系。

3.6.3 协同进化

从种间的相互作用关系来看，协同进化是指一个物种的性状作为对另一个物种性状的反应而进化，而后一个物种的这一性状本身又是对前一物种的反应而进化。因此，物种间的协同进化，可产生在捕食者与猎物物种之间、寄生者与宿主物种之间、竞争物种之间。

1. 竞争物种间的协同进化

竞争物种间的协同进化主要是通过生态位的分离而达到共存的。从理论上来说，可用物种生态位的分离过程来说明：①刚开始时，两个物种对资源谱的利用曲线完全分开，这样就有一些种间资源没有被利用，哪个物种能开发利用中间资源带，就对哪个物种有利。②在两个物种不断利用中间资源的过程中，若资源利用重叠太多，表示两个物种所利用的资源几乎相同，即生态位基本重叠，竞争就会十分激烈。③最后竞争的结果，将使两个物种均能充分利用资源而又达到共存。

2. 捕食者与猎物的协同进化

捕食者-猎物系统（predator-prey system）的形成是二者长期协同进化的结果。捕食者在进化过程中发展了锐齿、利爪、尖喙、毒牙等工具，运用诱饵追击、集体围猎等方式，以更有力地捕食猎物；而猎物相应地发展了保护色、拟态、警戒色、假死、集体抵御等方式以逃避捕食者，二者形成了复杂的协同进化关系。在二者的关系中，自然选择对捕食者在于提高发现、捕获和取食猎物的效率；而对猎物在于提高逃避被捕食的效率。这两种选择是对立的，显然猎物趋向于中断这种关系，而捕食者则趋向于维持这种关系。

3. 植物和食草动物的协同进化

植物和食草动物的协同进化，是彼此相互适应对方的过程。通过偶发的突变和重组，被子植物产生了一系列与其基本代谢没有直接关系，但对正常生长并非不利的化合物。偶尔某些化合物具有防卫食草动物的优越性，通过自然选择巩固下来，随辐射进化而扩展为一科或一群相近科的特征。此外，食草动物在进化过程中也发展了解毒和免疫的功能。由于没有其他食草动物的竞争，就有更多的机会来发展多样性；反过来，食草动物多样性又促进了植物多样性。

4. 寄主–寄生物间的协同进化

寄主为了不让寄生物寄生，常设置一些障碍物，如不让寄生物产卵，或包围寄生物的卵，不让该卵孵化或孵化后立即杀死等防御反应；而寄生物要突破寄主障碍得以生存和发展。寄生物与其寄主间紧密的关联，经常会提高彼此相反的进化选择压力，在这种压力下，寄主对寄生物反应的进化变化会提高寄生物的进化变化，这是一种协同进化。如大豆（glycine clandestine）与其真菌寄生物锈菌（phako psora pachyrhizi）之间的协同进化，就发展成了寄生物的毒性基因与寄主的抗性基因间的对等关系，称为基因对基因（gene for gene）协同进化。

第4章 群落生态学

4.1 生物群落的概念和特征

4.1.1 生物群落的概念

生物群落（community）是指在特定的时间、空间或生境下，具有一定的生物种类组成、外貌结构（包括形态结构和营养结构），各种生物之间、生物与环境之间彼此影响、相互作用，并具特定功能的生物集合体。也可以说，一个生态系统中具有生命的部分即生物群落，它包括植物、动物、微生物等各个物种的种群。

生态学家很早就注意到，组成群落的物种并不是杂乱无章的，而是具有一定的规律的。早在1807年，近代植物地理学创始人、德国地理学家A. Humboldt首先注意到自然界植物的分布是遵循一定的规律而集合成群落的。1890年，植物生态学创始人、丹麦植物学家E. Warming在其经典著作《植物生态学》中指出，形成群落的种对环境有大致相同的要求，或一个种依赖另一个种而生存，有时甚至后者供给前者最适之所需，似乎在这些种之间有一种共生现象占优势。另外，动物学家也注意到不同动物种群的群聚现象。1877年，德国生物学家K. Mobius在研究牡蛎种群时，注意到牡蛎只出现在一定的盐度、温度、光照等条件下，而且总与一定组成的其他动物（鱼类、甲壳类、棘皮动物）生长在一起，形成比较稳定的有机整体。Mobius称这一有机整体为生物群落。1911年，群落生态学先驱V. E. Shelford对生物群落定义为“具一致的种类组成且外貌一致的生物聚集体”。1957年，美国著名生态学家E. P. Odum在他的《生态学基础》一书中对这一定义做了补充，他认为群落是在一定时间内居住于一定生境中的不同种群所组成的生物系统；它由植物、动物、微生物等各种生物有机体组成，是一个具有一定成分和外貌比较一致的集合体；一个群落中的不同种群是有序协调地生活在一起的。

4.1.2 生物群落的基本特征

一个生物群落具有下列基本特征：

（1）具有一定的种类组成。每个群落都是由一定的植物、动物或微生物种群组成的。因此，物种组成是区别不同群落的首要特征。一个群落中物种的多少及每一物种的个体数量，是度量群落多样性的基础。

（2）不同物种之间的相互作用。组成群落的生物种群之间、生物与环境之间始终存在着相互作用、相互适应，从而形成有规律的集合体。物种能够组合在一起构成群落有两个条件：第一，必须共同适应它们所处的无机环境；第二，它们内部的相互关系必须协调、平衡。

（3）具有形成群落内部环境的功能。生物群落对其居住环境产生重大影响，并形成群落环境。如森林中的环境与周围裸地就有很大的不同，包括光照、温度、湿度与土壤等都经过了生物群落的改造。即使生物散布非常稀疏的荒漠群落，对土壤等环境条件也有明显的改造作用。

（4）具有一定的外貌和结构。生物群落是生态系统的一个结构单位，它本身除具有一定的物种组成外，还具有外貌和一系列的结构特点，包括形态结构、生态结构与营养结构。如生活型组成、种的分布格局、成层性、季相、捕食者和被捕食者的关系等，但其结构常常是松散的，不像一个有机体结构那样清晰，故有人称之为松散结构。

（5）具有一定的动态特征。群落的组成部分是具有生命特征的种群，群落不是静止的存在，物种不断地消失和被取代，群落的面貌也不断地发生着变化。由于环境因素的影响，使群落时刻发生着动态的变化，其运动形式包括季节动态、年际动态、演替与演化。

（6）具有一定的分布范围。由于其组成群落的物种不同，其所适应的环境因子也不同，所以特定的群落分布在特定地段或特定生境上，不同群落的生境和分布范围不同。从各种角度看，如全球尺度或者区域的尺度，不同生物群落都是按照一定的规律分布。

（7）具有特定的群落边界特征。在自然条件下，有些群落具有明显的边界，可以清楚地加以区分；有的则不具有明显边界，而呈连续变化。前者见于环境梯度变化较陡，或者环境梯度突然变化的情况，而后者见于环境梯度连续变化的情形。在多数情况下，不同群落之间存在着过渡带，被称为群落交错区（ecotone），并导致明显的边缘效应。

4.1.3 生物群落的性质

在生态学界，对于群落的性质问题，一直存在着两派决然对立的观点，通常被称为机体论学派和个体论学派。

1. 机体论学派

机体论学派（organismic school）的代表人物是美国生态学家 Clements（1916，1928），他将植物群落比拟为一个生物有机体，是一个自然单位。他认为任何一个植物群落都要经历一个从先锋阶段（pioneer stage）到相对稳定的顶极阶段（climax stage）的演替过程。如果时间充足，森林区的一片沼泽最终会演替为森林植被。这个演替的过程类似于一个有机体的生活史。因此，群落像一个有机体一样，有诞生、生长、成熟和死亡的不同发育阶段。

此外，Braun-Blanquet（1928，1932）和 Nichols（1917）以及 Warming（1909）将植

物群落比拟为一个种，把植物群落的分类看作和有机体的分类相似。因此，植物群落是植被分类的基本单位，正像物种是有机体分类的基本单位一样。

2. 个体论学派

个体论学派（individualistic school）的代表人物之一是 H. A. Gleason（1926），他认为将群落与有机体相比拟是欠妥的，因为群落的存在依赖于特定的生境与不同物种的组合，但是环境条件在空间与时间上都是不断变化的，故每一个群落都不具有明显的边界。环境的连续变化使人们无法划分出一个个独立的群落实体，群落只是科学家为了研究方便而抽象出来的一个概念。苏联的 R. G. Ramensky 和美国的 R. H. Whittaker 均持类似观点。他们用梯度分析与排序等定量方法研究植被，证明群落并不是一个个分离的有明显边界的实体，多数情况下是在空间和时间上连续的一个系列。

个体论学派认为植物群落与生物有机体之间存在很大的差异。第一，生物有机体的死亡必然引起器官死亡，而组成群落的种群不会因植物群落的衰亡而消失；第二，植物群落的发育过程不像有机体发生在同一体内，它表现在物种的更替与种群数量的消长方面；第三，与生物有机体不同，植物群落不可能在不同生境条件下繁殖并保持其一致性。

4.2 生物群落的结构

4.2.1 群落的结构要素

群落结构是群落中相互作用的种群在协同进化中形成的，其中生态适应和自然选择起了重要作用。前面介绍的关于群落的物种组成也是群落结构的重要特征，这里重要介绍群落的空间结构及其生态内涵。群落的空间结构取决于两个要素，即群落中各物种的生活型与相同生活型的物种所组成的层片，它们是组成群落的结构单元。

（1）生活型（life form）是生物对外界环境适应的外部表现形式，同一生活型的物种不但形态相似，在适应特点上也是相似的。目前，广泛采用的是丹麦植物学家 Raunkiaer 提出的系统，他是按休眠芽或复苏芽所处的位置高低和保护方式，把高等植物划分为 5 个生活型，在各类群之下，根据植物体的高度、有无芽鳞保护、落叶或常绿、茎的特点以及旱生形态和肉质性等特征，再细分为若干较小的类型。下面简要介绍 Raunkiaer 的生活型分类系统。

（2）层片（synusia）也是群落结构的基本单元之一，是由瑞典植物学家 H. Gams（1918）提出的。层片是由相同生活型或相同生态要求的种组成的功能群落，群落的不同层片由属于不同生活型的不同种的个体组成，如针阔叶混交林的 5 种基本层片为：第一种是常绿针叶乔木层片，主要成分是松属（Pinus）、云杉属（Picea）、冷杉属（abies）；第二种层片是夏绿阔叶乔木层片，主要成分是槭树属（Acer）、椴属（Tilia）、桦属（Betula）、榆属（Ulmus）等；第三种是夏绿灌木层片；第四种是多年生草本植物层片；第五种是苔藓藓地衣层片。

4.2.2 群落的垂直结构

群落的垂直结构也就是群落的层次性，群落的层次主要是由植物的生长型和生活型所决定的。群落的成层性包括地上成层与地下成层，层（layer）的分化主要取决于植物的生活型，因为生活型决定了该种处于地面以上不同的高度和地面以下不同的深度。换句话说，陆生群落的成层结构是不同高度的植物或不同生活型的植物在空间上垂直排列的结果，水生群落则在水面以下不同深度分层排列。

成层结构是自然选择的结果，它显著提高了植物利用环境资源的能力。如在发育成熟的森林中，阳光是决定森林分层的一个重要因素，森林群落的林冠层吸收了大部分光辐射。上层乔木可以充分利用阳光，而林冠下为那些能有效地利用弱光的下木所占据。随着光照强度渐减，依次发展为林冠层、下木层、灌木层、草本层和地被层等。

生物群落中动物的分层现象也很普遍。动物之所以有分层现象，主要与食物有关，因为群落的不同层次提供不同的食物；此外，还与不同层次的微气候条件有关。水域中，某些水生动物也有分层现象，如湖泊和海洋的浮游动物都有垂直迁移现象。影响浮游动物垂直分布的原因主要是阳光、温度、食物和含氧量等。多数浮游动物一般是趋向弱光的。因此，它们白天多分布在较深的水层，而在夜间则上升到表层活动。

4.2.3 群落的水平结构

群落内由于环境因素在不同地点上的不均匀性和生物本身特性的差异，而在水平方向上分化形成许多的小群落，这就是群落的水平结构，又称为群落的水平格局（horizontal pattern）。

陆地群落的水平格局主要取决于植物的内在分布型，有许多因素可导致群落中植被在水平方向上出现复杂的斑块状镶嵌性（mosaic）特征。导致水平结构的复杂性主要有 3 个方面的原因：①亲代的扩散分布习性；②环境异质性；③种间相互作用的结果。

4.2.4 群落的时间格局

光、温度和湿度等很多环境因子有明显的时间节律（如昼夜节律、季节节律），受这些因子的影响，群落的组成与结构也随时间序列发生有规律的变化。这就是群落的时间格局（temporal pattern）。气候四季分明的温带、亚热带地区，植被的季相是群落时间格局最明显的反映。这种四季季相的更替，既表现为群落外貌的变化，也显示了组成物种的改变。

群落中的动物组成，不仅同样有一年四季的变更，更有明显的昼夜节律。昆虫群落的时间节律是最明显的，由于各种昆虫的年生活史、迁移、滞育、世代交替等不同，构成了群落结构的年变化。

4.2.5 群落的交错区和边缘效应

群落交错区（ecotone）又称生态交错区或生态过渡带，是两个或多个群落之间（或生态地带之间）的过渡区域。1987 年 1 月，巴黎国际生态学会议上将其定义为："相邻生态系统之间的过渡带，其特征是由相邻生态系统之间相互作用的空间、时间及强度所决定的。"如森林和草原之间有一森林草原地带，软海底与硬海底的两个海洋群落之间也存在过渡带，两个不同森林类型之间或两个草本群落之间也都存在交错区。此外，城乡交接带、干湿交替带、水陆交接带、农牧交错带、沙漠边缘带等也都属于生态过渡带。群落交错区的形状与大小各不相同，群落的边缘有的是持久性的，有的在不断变化。

群落交错区是一个交叉地带或种群竞争的紧张地带。在这里，群落中种的数目及一些种群密度比相邻群落大。群落交错区种的数目及一些种的密度增大的趋势被称为边缘效应（edge effect），如我国大兴安岭森林边缘，具有呈狭带状分布的林缘草甸，每平方米的植物种数达 30 种以上，明显高于其内侧的森林群落与外侧的草原群落。美国伊利伊斯州森林内部的鸟仅有 14 种，但在林缘地带达 22 种。发育较好的群落交错区往往包含两个重叠群落的所有共有种及交错区内特有的种。这种仅发生于交错区或原产于交错区的最丰富的物种，称为边缘种（edge species）。

群落交错区形成的原因很多，如生物圈内生态系统的不均一，地形、地质结构与地带性差异，气候等自然因素变化引起的自然演替，植被分割或景观分割等。而人类活动对自然环境大规模地改变，如城市的发展、工矿的建设、土地的开发等所造成的隔离，森林草原遭受破坏，湿地消失和土地沙化等，都是形成交错区的原因。因此，有人提出要重点研究生态系统边界对生物多样性、能流、物质流及信息流的影响，研究生态交错带对全球性气候、土地利用、污染物的反应及敏感性，以及在变化的环境中怎样管理生态交错带等，联合国环境问题科学委员会（SCOPE）甚至制订了一项专门研究生态交错带的研究计划。

4.3 生物群落的演替

生物群落的动态（dynamics）一直是经典生态学与现代生态学研究的重要内容。生物群落的动态包括生物群落的内部动态（季节变化与年际变化）、生物群落的演替和地球上生物群落的进化。

4.3.1 演替的概念

以农田弃置耕地为例，农田弃耕闲置后，开始的一二年内出现大量的一年生和二年生的田间杂草，随后多年生植物开始侵入并逐渐定居下来，田间杂草的生长和繁殖开始受到抑制。随着时间的进一步推移，多年生植物取得优势地位，一个具备特定结构和功能的植物群落形成了。相应地，适应这个植物群落的动物区系和微生物区系也逐渐确定下来。整个生物群落仍在向前发展，当它达到与当地的环境条件特别是气候和土壤条件都比较适应的时候，即成为稳定的群落。在草原地带，这个群落将恢复到原生草原群落；如果在森林地带，它将进一步发展为森林群落。这种有次序的、按部就班的物种之间的替代过程，就是演替（图 4-1）。

图 4-1 美国卡罗来纳州一块弃置耕地上发生的次生演替

（引自 Billings，1938；转引自 Bush，2007）

所谓群落演替（community succession），是指某一地段上一种生物群落被另一种生物群落所取代的过程。

4.3.2 演替的类型

生物群落的演替类型，不同学者所依据的原则不同。因此，划分的演替类型也不同，主要有以下几类：

按照演替延续的时间进程可分为快速演替、长期演替和世纪演替（L. G. Ramensky，1938）。

（1）快速演替，即在时间不长的几年内发生的演替，如地鼠类的洞穴、草原撂荒地上的演替，在这种情况下很快可以恢复成原有的植被。但是要以摇荒地面积不大和种子传播来源就近为条件，否则草原撂荒地的恢复过程就可能延续达几十年。

（2）长期演替，延续的时间较长，几十年或有时几百年。云杉林被采伐后的恢复演替可作为长期演替的实例。

（3）世纪演替，延续时间相当长久，一般以地质年代计算。常伴随气候的历史变迁或地貌的大规模改造而发生。

按照演替的起始条件可分为原生演替和次生演替（F. E. Clement，1916；J. E. Weaver）

（1）原生演替（primary succession）是指在从未有过任何生物的裸地上开始的演替。

（2）次生演替（secondary succession）是指在原有生物群落被破坏后的次生裸地（如森林砍伐迹地、弃耕地）上开始的演替。

4.3.3 演替系列

演替系列（sere）是指从生物侵入开始直至顶级群落的整个顺序演变过程，演替系列中的每一个明显的步骤，称为演替阶段或演替时期。

4.3.3.1 原生演替

（1）水生演替系列。根据淡水湖泊中湖底的深浅变化，其水生演替系列（hydrosere）将有以下的演替阶段：

① 自由漂浮植物阶段。此阶段植物是漂浮生长的，其死亡残体将增加湖底有机质的聚积，同时湖岸雨水冲刷而带来的矿物质微粒的沉积也逐渐提高了湖底。这类漂浮的植物有浮萍、满江红以及一些藻类植物等。

② 沉水植物阶段。在水深5~7 m处，湖底裸地上最先出现的先锋植物是轮藻属的植物。轮藻属植物生物量相对较大，使湖底有机质积累较快，自然也就使湖底的抬升作用加快。当水深至2~4 m时，金鱼藻（cerataphyllum）、眼子菜（potamogeton）、黑藻（hydrilla）、茨藻（najas）等高等水生植物开始大量出现，这些植物生长繁殖能力更强，垫高湖底的作用也就更强了。

③ 浮叶根生植物阶段。随着湖底的日益变浅，浮叶根生植物开始出现，如睡莲等。这些植物一方面由于其自身生物量较大，残体对进一步抬升湖底有很大的作用；另一方面由于这些植物叶片漂浮在水面，当它们密集时，就使水下光照条件很差，不利于沉水植物的生长，迫使沉水植物向较深的湖底转移，这样又起到了抬升湖底的作用。

④ 直立水生植物阶段。浮叶根生植物使湖底变浅，为直立水生植物的出现创造了良好的条件。最终直立水生植物如芦苇、香蒲、泽泻等取代了浮叶根生植物，这些植物的根茎相当茂密，交织在一起，使湖底迅速抬高，而且有的地方甚至可以形成一些浮岛。原来被水淹没的土地开始露出水面与大气接触，生境开始具有陆生植物生境的特点。

⑤ 湿生草本植物阶段。从湖中抬升出来的地面，不仅含有丰富的有机质而且含有近乎饱和的土壤水分。喜湿生的沼泽植物开始定居在这种生境上，如莎草科和禾本科中的一些湿生性种类。若此地带气候干旱，则这个阶段不会持续太长，很快旱生草类将随着生境中水分的大量丧失而取代湿生草类。

⑥ 木本植物阶段。在湿生草本植物群落中，最先出现的木本植物是灌木。而后随着乔木的侵入，便逐渐形成了森林，其湿生生境也最终改变成中生生境。

由此看来，水生演替系列就是湖泊填平的过程。这个过程是从湖泊的周围向湖泊中央顺序发生的。因此，比较容易观察到，在从湖岸到湖心的不同距离处，分布着演替系列中不同阶段的群落环带。

（2）旱生演替系列。旱生演替系列（xerosere）是指从环境条件极端恶劣的裸露岩石表面或砂地上开始的，其系列包括以下几个演替阶段：

① 地衣植物群落阶段。岩石表面无土壤，贫瘠而干燥，光照强，温度变化大。这样的环境条件下最先出现的是地衣，而且是壳状地衣。地衣分泌的有机酸腐蚀了坚硬的岩石表面，再加之物理和化学风化作用，坚硬的岩石表面出现了一些小颗粒，在地衣残体的作用下，细小颗粒有了有机的成分。其后，叶状地衣和枝状地衣继续作用于岩石表层，使岩石表层更加松散，岩石碎粒中有机质也逐渐增多。

② 苔藓植物群落阶段。在地衣群落发展的后期，开始出现了苔藓植物。苔藓植物与地衣相似，能够忍受极端干旱的环境。苔藓植物的残体比地衣大得多，苔藓的生长可以积累更多的腐殖质，同时对岩石表面的改造作用更加强烈。岩石颗粒变得更细小，松软层更厚，为土壤的发育和形成创造了更好的条件。

③ 草本植物群落阶段。群落演替继续向前发展，一些耐旱的植物种类开始侵入，如禾本科、菊科、蔷薇科中的一些植物。种子植物对环境的改造作用更加强烈，小气候和土壤条件更有利于植物的生长。若气候允许，该演替系列可以向木本群落方向演替。

④ 灌木植物群落阶段。草本群落发展到一定程度时，一些喜阳的灌木开始出现，它们常与高草混生，形成“高草灌木群落”。其后灌木数量大量增加，成为以灌木为优势的群落。

⑤ 乔木植物群落阶段。灌木群落发展到一定时期，为乔木的生存提供了良好的环境，喜阳的树木开始增多。随着时间的推移，逐渐就形成了森林。最后形成与当地大气候相适应的乔木群落，形成了地带性植被即顶极群落。

在旱生演替系列中，地衣和苔藓植物阶段所需时间最长，草本植物群落阶段到灌木阶段所需时间较短，而到了森林阶段，其演替的速率又开始放慢。

4.3.3.2 次生演替

次生演替是指在原有生物群落破坏后的地段上进行的演替。次生演替的最初发生是由外界因素的作用引起的，如火烧、病虫害、严寒、干旱等，以及大规模的人为活动，如森林采伐、草原放牧和耕地撂荒等。以云杉林采伐后，从采伐迹地上开始的群落演替过程为例加以说明。

（1）采伐迹地阶段。在采伐森林后留下的大面积采伐迹地上，原有的森林气候条件完全改变，如阳光直射地面、温度变化剧烈、风大且易形成霜冻等。不能忍受日灼或霜冻的植物难以生存，原来林下耐阴或阴性植物受到限制甚至消失，而喜光的植物，尤其是禾本科、莎草科等杂草得以滋生，形成杂草群落。

（2）小叶树种阶段。新的环境适合一些喜光、耐旱、耐日灼和耐霜冻的阔叶树种的生长，在原有云杉林所形成的优越土壤条件下，在杂草群落中便形成以桦树和山杨为主的群落。同时，郁闭的林冠下耐阴植物也抑制和排挤其他喜光植物，使它们开始衰弱，然后完全死亡。

（3）云杉定居阶段。由于桦树和山杨等所形成的树冠缓和了林下小气候条件的剧烈变化，又改善了土壤环境，因此，阔叶林下已经能够生长耐阴性的云杉和冷杉幼苗。

（4）云杉恢复阶段。当云杉的生长超过桦树和白杨，占据了森林上层空间，桦树和白杨因不能适应上层遮阴而开始衰亡，80～100 年后，云杉又高居上层，造成严密的遮阴，在林内形成紧密的酸性落叶层，其中混杂着一些留下的桦树和白杨。

新形成的云杉林与采伐前的云杉林，只是在外貌和主要树种上相同，但树木的配置和密度都发生了很大改变。

4.4 群落的分类与排序

对生物群落的认识及其分类方法，存在两条途径。早期的植物生态学家认为群落是自然单位，它们和有机体一样具有明确的边界，而与其他群落是间断的、可分的，因此，可以像物种那样进行分类。这一途径被称为群丛单位理论（association unit theory）。

另外一种观点认为群落是连续的，没有明确的边界，它是不同种群的组合，而种群是独立的。大多数群落之间是模糊不清和过渡的，不连续的间断情况仅仅发生在不连续生境上，如地形、母质、土壤条件的突然改变，或人为的砍伐、火烧等的干扰。在通常的情况下，生境与群落都是连续的。认为应采取生境梯度分析的方法，即排序（ordination）来研究连续群落变化，而不采取分类的方法。

实践证明，生物群落的存在既有连续性的一面，又有间断性的一面。虽然排序适于揭示群落的连续性，分类适于揭示群落的间断性，但是如果排序的结果构成若干点集，也可以达到分类的目的，同时如果分类允许重叠，也可以反映群落的连续性。因此两种方法都同样能反映群落的连续性或间断性，只不过是各自有所侧重，如果能将二者结合使用，也许效果会更好。

4.4.1 群落分类

生物群落分类是生态学研究领域中争论最多的问题之一。由于不同国家或不同地区的研究对象、研究方法和对群落实体的看法不同，其分类原则和分类系统有很大差别，甚至成为不同学派的重要特色。

到目前为止，世界上没有一个完整的植物群落分类系统，各学派都拥有自己的系统，它们在分类原则上不同，因此导致在植物群落分类单位的理解和侧重点上有所差异。这里主要介绍我国的植物群落分类单位以及分类系统。

我国生态学家吴征镒在《中国植被》(1980）一书中，参照国外一些植物学派的分类原则和方法，采用了“群落生态”原则，即以群落本身的综合特征作为分类依据，群落的种类组成、外貌和结构、地理分布、动态演替、生态环境等特征在不同的分类等级中均做了相应的反映。所采用的主要分类单位分 3 级：植被型（高级单位）、群系（中级单位）和群丛（基本单位）。每一等级之上和之下又各设一个辅助单位和补充单位。高级单位的分类依据侧重外貌、结构和生态地理特征，中级和中级以下的单位则侧重种类组成。

4.4.2 群落排序

所谓排序，就是把一个地区内所调查的群落样地，按照相似度（similarity）来排定各样地的位序，从而分析各样地之间以及与生境之间的相互关系。排序方法可分为两类。

一类是群落排序，用植物群落本身属性（如种的出现与否、种的频度、盖度等），排定群落样地的位序，称为间接排序（indirect ordination），又称间接梯度分析（indirect gradiant analysis）或者组成分析（compositional analysis）。

另一类是利用环境因素的排序，称为直接排序（direct ordination），又称为直接梯度分析（direct gradiant analysis）或者梯度分析（gradient analysis），即以群落生境或其中某一生态因子的变化，排定样地生境的位序。

排序基本上是一个几何问题，即把实体作为点在以属性为坐标轴的 P 维空间中（P 个属性），按其相似关系把它们排列出来。简单地说，要按属性去排序实体，这叫正分析（normal analysis）或 Q 分析（Q analysis）。排序也可有逆分析（inverse analysis）或叫 R 分析（R analysis），即按实体去排序属性。

为了简化数据，排序时首先要降低空间的维数，即减少坐标轴的数目。如果可以用一个轴（即一维）的坐标来描述实体，则实体点就排在一条直线上；用两个轴（二维）的坐标描述实体，点就排在平面上，都是很直观的。如果用三个轴（三维）的坐标，也可勉强表现在平面的图形上，一旦超过三维就无法表示成直观的图形。因此，排序总是力图用二维和三维的图形去表示实体，以便于直观地了解实体点的排列。

通过排序可以显示出实体在属性空间中位置的相对关系和变化的趋势。如果它们构成分离的若干点集，也可以达到分类的目的；结合其他生态学知识，还可以用来研究演替过程，找出演替的客观数量指标。如果我们既用物种组成的数据，又用环境因素的数据去排序同一实体集合，从两者的变化趋势容易揭示出植物种与环境因素的关系。特别是，可以同时用这两类不同性质的属性（种类组成及环境）一起去排序实体，更能找出两者的关系。

第5章 生态系统生态学

5.1 生态系统概述

5.1.1 生态系统的概念和特征

5.1.1.1 生态系统的概念

生态系统一词是英国植物生态学家 A. G. Tansley 于 1936 年首先提出来的。后来苏联地植物学家 V. N. Sucachev 又从地植物学的研究出发，提出了生物地理群落的概念。生物地理群落（biogeocoenosis）简单来说，就是由生物群落本身及其地理环境所组成的一个生态功能单位，1965 年在丹麦哥本哈根会议上决定生态系统和生物地理群落是同义词，此后生态系统一词便得到了广泛的应用。

生态系统（ecosystem）就是指在一定空间中共同栖居着的所有生物（即生物群落）与其环境之间由于不断地进行物质循环和能量流动过程而形成的统一整体。生态系统主要在于强调一定地域中各种生物相互之间、它们与环境之间功能上的统一性。生态系统主要是功能上的单位，而不是生物学中分类学的单位。

5.1.1.2 生态系统的特征

1. 以生物为主体，具有整体性特征

生态系统通常与一定空间范围相联系，以生物为主体，生物多样性与生命支持系统的物理状况有关。一般而言，一个具有复杂垂直结构的环境能维持多个物种。一个森林生态系统比草原生态系统包含了更多的物种。各要素稳定的网络式联系，保证了系统的整体性。

2. 复杂、有序的层级结构

由于自然界中生物的多样性和相互关系的复杂性，决定了生态系统是一个极为复杂的、多要素、多变量构成的层级系统。较高的层级系统以大尺度、大基粒、低频率和缓慢速率为特征，它们被更大的系统、更缓慢的作用所控制。

3. 开放的、远离平衡态的热力学系统

任何一个自然生态系统都是开放的，有输入和输出，而输入的变化总会引起输出的变化。生态系统变得更大、更复杂时，就需要更多的可用能量去维持，经历着从混沌到有序、到新的混沌、再到新的有序的发展过程。

4. 具有明确的功能

生态系统不是生物分类学单元，而是个功能单元。例如，能量的流动，绿色植物通过光合作用把太阳能转变为化学能储藏在植物体内，然后转给其他动物，这样营养物质就从一个取食类群转移到另一个取食类群，最后由分解者重新释放到环境中。又如在生态系统内部生物与生物之间、生物与环境之间不断进行着复杂而有规律的物质交换。生态系统就是在进行多种生态过程中完成了维护人类生存的"任务"，为人类提供了必不可少的粮食、药物和工农业原料等，并提供人类生存的环境条件。

5. 受环境深刻的影响

环境的变化和波动形成了环境压力，最初是通过敏感物种的种群表现。自然选择可以发生在多个水平上。当压力增加到可在生态系统水平上检出时，整个系统的"健康"就出现危险的苗头。生态系统对气候变化和其他因素的变化表现出长期的适应性。

6. 环境的演变与生物进化相联系

自生命在地球上出现以来，生物有机体不仅适应了物理环境条件，而且以多种不同的方式对环境进行朝着有利于生命的方向改造。许多科学家也证实，微生物在营养物质循环中，尤其是氮的循环以及大气层和海洋的内部平衡中起着重要的作用。

7. 具有自动维持、自动调控功能

生态系统自动调控机能主要表现在 3 个方面：第一是同种生物的种群密度的调控，这是在有限空间内比较普遍存在的种群变化规律；第二是异种生物种群之间的数量调控，多发生于植物与动物、动物与动物之间，常有食物链联系；第三是生物与环境之间的相互适应的调控。生态系统对干扰具有抵抗和恢复的能力。生态系统调控功能主要靠反馈的作用，通过正、负反馈相互作用和转化，保证系统达到一定的稳态。

8. 具有一定的负荷力

生态系统负荷力是涉及用户数量和每个使用者强度的二维概念。这二者之间保持互补关系，当每一个体使用强度增加时，一定资源所能维持的个体数目减少。在实践中，可将有益生物种群保持在一个环境条件所允许的最大种群数量，此时种群繁殖速率最快。对环境保护工作而言，在人类生存和生态系统不受损害的前提下，一个生态系统所能容纳的污染物可维持的最大承载量，即环境容量。

9. 具有动态的、生命的特征

生态系统具有发生、形成和发展的过程。生态系统可分为幼期、成长期和成熟期，表现出鲜明的历史性特点，生态系统具有自身特有的整体演化规律。换言之，任何一个自然生态系统都是经过长期发展形成的。生态系统这一特性为预测未来提供了重要的科学依据。

10. 具有健康、可持续发展特性

自然生态系统在数十亿年发展中支持着全球的生命系统，为人类提供了经济发展的物质基础和良好的生存环境。然而长期以来人类活动给生态系统健康造成极大的威胁。可持续发展观要求人们转变思想，对生态系统加强管理，保持生态系统健康和可持续发展特性在时间、空间上的全面发展。

5.1.2 生态系统的组成

地球表面各种不同的生态系统，不论是陆地还是水域，大的或小的，一个发育完整的生态系统的基本成分都可概括为生物成分（生命系统）和非生物成分（环境系统）两大部分，包括生产者、消费者、分解者和非生物环境 4 种基本成分。对于一个生态系统来说，非生物成分和生物成分缺一不可。没有非生物成分形成的环境，生物就没有生存的环境和空间；如果仅有非生物成分而没有生物成分，也谈不上生态系统。

5.1.2.1 非生物环境

非生物环境也即非生物成分，通常包括能量因子和物质因子以及与物质和能量运动相联系的气候状况等，其中能量因子包括太阳辐射能（热能）、化学能、潮汐能、风能、核能与机械能等；物质因子包括岩石、土壤、水体、大气等基质和介质，光照、温度、湿度、大气压、风等气候要素，以及各种生物生命活动的代谢物质，如 CO_2、H_2O、O_2、N_2 等空气成分和 N、P、K、Ca、Mg、Fe、Zn、Se 等矿质元素及无机盐类等。此外，也包括一些联结生命系统和环境系统的有机物质，如蛋白质、糖类、脂类、腐殖质等。

5.1.2.2 生物成分

生物成分是生态系统中有生命的部分。根据生物在生态系统中的作用和地位，可将其划分为生产者、消费者和分解者 3 大功能群。

（1）生产者（producer），是指利用太阳能或其他形式的能量将简单的无机物制造成有机物的各类自养生物，包括所有的绿色植物、光合细菌和化能合成细菌等。它们是生态系统中最基础的成分。绿色植物通过光合作用制造初级产品—碳水化合物。碳水化合物可进一步合成脂肪和蛋白质，用来建造自身。这些有机物也成为地球上包括人类在内的其他一切异养生物的食物资源。除光合作用外，植物在生态系统中至少还有两个主要作用：一是环境的强大改造者，如缩小温差、蒸发水分、增加土壤肥力等。因此，植物在一定程度上决定了生活在生态系统中的生物物种和类群；二是有力地促进物质循环。在生物圈中，生命所需的碳、氧、氮、氢、钙等许多元素主要存在于大气和土壤等介质中。人或动物没有能力从土壤中释放和吸收矿物分子和离子，植物则是生态系统中所有有机体所利用的一切必要的矿质营养的源泉。植物借助光合作用和呼吸作用，促进了氧、碳、氮等元素的生物地球化学循环。

（2）消费者（consumer），是指不能利用太阳能将无机物质制造成有机物质，而只能直接或间接地依赖于生产者所制造的有机物质维持生命的各类异养生物，主要是各类动物。根据动物食性的不同，通常又可将其分为以下几类：

① 食草动物（herbivore），又称初级消费者（primary consumer）或一级消费者，是指直接以植物为营养的动物，又称植食动物，如牛、马、羊、鹿、象、兔、啮齿类动物和食植昆虫等。

② 食肉动物（carnivore），是指以食草动物或其他动物为食的动物，根据营养级别又可分为一级、二级和三级食肉动物等。一级食肉动物（primary carnivore），又称二级消费者（secondary consumer），是指直接以食草动物为食的捕食性动物；二级食肉动物（secondary carnivore），又称三级消费者（tertiary consumer），是指直接以一级食肉动物为食的动物；在有些情况下，有的二级食肉动物还可捕食其他二级食肉动物，这种以二级食肉动物为食的食肉动物即为三级食肉动物（tertiary carnivore）。在通常情况下，没有更高一级动物可以捕食它们，故这类动物又统称为顶级食肉动物（top carnivore）。

③ 杂食动物（omnivore），是指既吃植物，又吃动物的动物，如熊、狐狸以及人类饲养的猫、狗等动物，人类也属于杂食性消费者，且是最高级的消费者。

④ 腐食动物（saprotroph），是指以腐烂的动植物残体为食的动物，如蛆和秃鹫等。

⑤ 寄生动物（zooparasite），是指寄生于其他动植物体上，靠吸取宿主营养为生的一类特殊消费者，如蚊子、蛔虫、跳蚤等。

消费者在生态系统中，不仅对初级生产物起着加工、再生产的作用，而且许多消费者对其他生物种群数量起着重要的调控作用。

（3）分解者（decomposer）都是异养生物，是指细菌、真菌、放线菌及土壤原生动物和一些小型无脊椎动物。其作用是把动植物残体的复杂有机物分解为生产者能重新利用的简单化合物，并释放出能量，其作用正与生产者相反。因此，这些异养生物又称为还原者（restorer）。分解者在生态系统中的作用是极为重要的，如果没有它们，动植物尸体将会堆积成灾，物质不能循环，生态系统将毁灭。分解作用不是一类生物所能完成的，往往有一系列复杂的过程，各个阶段由不同的生物去完成。

5.1.3 生态系统的结构

生态系统结构（ecosystem structure）是指生态系统中生物的和非生物的诸要素在时间、空间和功能上分化与配置而形成的各种有序系统。生态系统结构通常可从物种结构、营养结构、时空结构和层级结构等方面来认识。

5.1.3.1 生态系统的物种结构

生态系统的物种结构（species structure）是指根据各生物物种在生态系统中所起的作用和地位分化不同而划分的生物成员型结构。除了优势种、建群种、伴生种及偶见种等群落成员型外，还可根据各种不同的物种在生态系统中所起的作用与地位的不同，区分出关键种和冗余种等。

（1）关键种（keystone species），是指生态系统或生物群落中的那些相对其多度而言对其他物种具有非常不成比例的影响，并在维护生态系统的生物多样性及其结构、功能及稳定性方面起关键性作用，一旦消失或削弱，整个生态系统或生物群落就可能发生根本性变化的物种。生态系统或生物群落中的关键种，根据其作用方式可划分为关键捕食者、关键被捕食者、关键植食动物、关键竞争者、关键互惠共生种、关键病原体/寄生物等类型。关键种的丢失和消除可以导致一些物质的丧失，或者一些物种被另一种物种所替代。群落的改变既可能是由于关键种对其他物种的直接作用（如捕食），也可能是间接的影响。

（2）冗余种（redundancy species 或 ecological redundancy），是指生态系统或生物群落中的某些在生态功能上与同一生态功能群中其他物种有相当程度的重叠，在生态需求性上相对过剩而生态作用不显著的物种。生态功能群是指生态系统中一些具有相同功能的物种所形成的集合。从理论上说，生态系统中除了一些主要的物种以外，其他的都是冗余种。在维持和调节生态系统过程中，许多物种常成群地结合在一起，扮演着相同的角色，形成各种生态功能群和许多生态等价物种。在这些生态等价物种中必然有几个是冗余种（除非某一个生态功能群中只有一个物种）。

5.1.3.2 生态系统的营养结构

生态系统的营养结构（nutrition structure）是指生态系统中各种生物成分之间或生态系统中各生态功能群——生产者、消费者和分解者之间，通过吃与被吃的食物关系以营养为纽带依次连接而成的食物链和食物网结构，以及营养物质在食物链和食物网中不同环节的组配结构。它反映了生态系统中各种生物成分取食习性的不同和营养级位的分化，同时反映了生态系统中各营养级位生物的生态位分化与组配情况，是生态系统中物质循环、能量流动和转化、信息传递的主要途径。

1. 食物链和食物网

生产者所固定的能量和物质，通过一系列取食和被食的关系而在生态系统中传递，各种生物按其取食和被食的关系而排列的链状顺序称为食物链（food chain）。生态系统中的食物链彼此交错连接，形成一个网状结构，这就是食物网（food web）。

一般来说，具有复杂食物网的生态系统，一种生物的消失不致引起整个生态系统的失调，但食物网简单的系统，尤其是在生态系统功能上起关键作用的种，一旦消失或受严重破坏，就可能引起这个系统的剧烈波动。例如，如果构成苔原生态系统食物链基础的地衣，因大气中二氧化硫含量超标而死亡，就会导致生产力毁灭性的破坏，使整个系统遭灾。

根据能流发端、生物成员食性及取食方式的不同，可将生态系统中的食物链分为以下几种类型，其中，捕食食物链和碎屑食物链是两条最基本的。

① 捕食食物链（predator food chain），又称放牧食物链（grazing food chain），是指以活的绿色植物为营养源，经食草动物到食肉动物构成的食物链。其构成方式是：植物→植食动物→食肉动物，如青草→野兔→狐狸→狼；藻类→甲壳类→小鱼→大鱼等。这类食物链中，后一成员与前一成员间为捕食关系，捕食者的能力有从小到大、自弱到强的趋势。

② 碎屑食物链（detritus food chain），也叫腐食食物链（saprophytic food chain）或分解链（decompose chain），是指植物的枯枝落叶和死的动物尸体或动物的排泄物经食腐屑

生物（detritus feeder）（细菌、真菌、放线菌等）分解、腐烂成碎屑后，再被小型动物和其他食肉动物依次所食的食物链。其构成方式是：动植物碎食物（枯枝落叶）→碎食消费者（细菌、真菌等）→原生动物→小型动物（蚯蚓、线虫类、节肢动物）→大型食肉动物。

③ 寄生食物链（parasitic food chain），是指以活的动物、植物有机体为营养源，以寄生方式形成的食物链。例如，黄鼠→跳蚤→鼠疫细菌，鸟类→跳蚤，细菌→病毒等。寄生食物链往往从较大的生物开始到较小生物，生物的个体数量也有由少到多的趋势。

④ 混合食物链（mixed food chain），是指各链节中，既有活食性生物成员，又有腐食性生物成员的食物链。例如，在人工设计的农业生态系统中，用稻草养牛、牛粪养蚯蚓、蚯蚓养鸡、鸡粪加工后作为添加料喂猪、猪粪投塘养鱼，便构成一条活食者与食腐屑者相间的混合食物链。

⑤ 特殊食物链。世界上约有 500 种能捕食动物的植物，如瓶子草、猪笼草、捕蛇草等，它们能捕捉小甲虫、蛾、蜂等，甚至青蛙。被诱捕的动物被植物分泌物所分解，产生氨基酸供植物吸收，这是一种特殊的食物链。

2. 营养级和生态金字塔

食物链和食物网是物种和物种之间的营养关系，这种关系错综复杂。对此，生态学家提出了营养级（trophic level）的概念。一个营养级是指处于食物链某一环节上的所有生物种的总和。例如，作为生产者的绿色植物和所有自养生物都位于食物链的起点，共同构成第一营养级。所有以生产者（主要是绿色植物）为食的动物都属于第二营养级，即植食动物营养级。第三营养级包括所有以植食动物为食的肉食动物。生态系统中的营养级一般只有四、五级，很少有超过六级。

能量通过营养级逐级减少，如果把通过各营养级的能流量，由低到高画成图，就成为一个金字塔形，称为能量锥体或金字塔（pyramid of energy）。同样，如果以生物量或个体数目来表示，就能得到生物量锥体（pyramid of biomass）和数量锥体（pyramid of numbers）。3 类锥体合称为生态锥体（ecological pyramid）。

一般来说，能量锥体最能保持金字塔形，而生物量锥体有时有倒置的情况。例如，海洋生态系统中，生产者（浮游植物）的个体很小，生活史很短，根据某一时刻调查的生物量，三级消费者常低于浮游动物的生物量。这是由于浮游植物个体小、代谢快、生命短，某一时刻的现存量反而要比浮游动物少，但一年中总能流量还是较浮游动物多。数量锥体倒置的情况就更多一些，如果消费者个体小而生产者个体大，就易形成锥体倒置，如昆虫和树木，昆虫的个体数量就多于树木。同样，对于寄生者来说，寄生者的数量也往往多于宿主，这样就会使锥体的这些环节倒置过来。

5.1.3.3 生态系统的时空结构

生态系统的时空结构（space-time structure），也称形态结构，是指生态系统中各组成要素或其亚系统在时间和空间上的分化与配置所形成的结构。无论是自然生态系统还是人工生态系统，都具有在水平空间上或简单或复杂的镶嵌性、在垂直空间上的成层性和在时间上的动态发展与演替等特征。

生态系统的垂直结构（vertical structure），是指生态系统中各组成要素或各种不同等级的亚系统在空间上的垂直分异和成层现象。如森林生态系统从上到下依次为乔木层、灌木层、草本层和地被层等层次。

生态系统的水平结构（horizontal structure），是指生态系统内的各组成要素或其亚系统在水平空间上的分化或镶嵌现象。在不同的环境条件下，受地形、水温、土壤、气候等环境因子的综合影响，生态系统内各种生物和非生物组成要素的分布并非是均匀的，体现在景观类型的变化上形成了所谓的带状分布、同心圆式分布和镶嵌分布等多种空间分布格局。

生态系统的时间结构（time structure），是指生态系统中的物种组成、外貌、结构和功能等随着时间的推移和环境因子（如光照强度、日长、温度、水分、湿度等）的变化而呈现的各种时间格局（time pattern）。生态系统在短时间尺度上的格局变化，反映了生态系统中的动植物等对环境因子周期性变化的适应，同时也往往反映了生态系统中环境质量的高低。

5.1.3.4 生态系统的层次结构

按照各系统的组成特点、时空结构、尺度大小、功能特性、内在联系以及能量变化范围等多方面特点，可将地球表层的生态系统分解为如下若干个不同的层级，即生物圈（biosphere）/全球（global）、洲际大陆（continent）/大洋（ocean）、国家（national）/地区（region）/流域（valley）/景观（landscape）、生态系统（ecosystem）/群落（community）、种群（population）/个体（organism）、器官（organ）/组织（tissue）、细胞（cell）/亚细胞（sub-cell）、基因（gene）/生物大分子（molecular）等多个不同的层级。其中个体以下的为微观层级，个体至景观和流域水平的为中观层级，区域以上的为宏观层级。生物圈是地球上最大的和最复杂的多层级生态系统，或称全球生态系统。

5.1.4 生态效率

生态效率（ecological efficiencies），是指各种能流参数中的任何一个参数在营养级之间或营养级内部的比值，常以百分数表示。

5.1.4.1 常用的几个能量参数

（1）摄取量（I），表示一个生物（生产者、消费者、腐食者）所摄取的能量。对植物来说，I 代表被光合作用所吸收的日光能。对动物来说，代表动物吃进的食物能。

（2）同化量（A），表示在动物消化道内被吸收的能量，即消费者吸收所采食的食物能。对分解者来说是指细胞外产物的吸收。对植物来说是指在光合作用中所固定的日光能，常以总初级生产量（GP）表示。

（3）呼吸量（R），是指生物在呼吸等新陈代谢和各种活动中所消耗的全部能量。

（4）生产量（P），是指生物呼吸消耗后所净剩的同化能量值。它以有机物质的形式累积在生物体内或生态系统中。对于植物来说，它是指净初级生产量（NP）。对动物来说，它是同化量扣除维持消耗后的能量，即 $P=A-R$。

利用以上这些参数可以计算生态系统中能流的各种生态效率，营养级位内的生态效率用以度量一个物种利用食物能的效率，即同化能量的有效程度；营养级位之间的生态效率则用以度量营养级位之间的转化效率和能量通道的大小。

5.1.4.2 营养级之内的生态效率

（1）同化效率，是指被植物吸收的日光能中被光合作用所固定的能量比例，或被动物摄食的能量中被同化了的能量比例。

一般肉食动物的同化效率比植食动物要高些，因为肉食动物的食物在化学组成上更接近其本身的组织。

（2）生长效率，包括组织生长效率和生态生长效率。

通常植物的生长效率大于动物，大型动物的生长效率小于小型动物，年老动物的生长效率小于年幼动物，变温动物的生长效率大于恒温动物。通常生物的组织生长效率高于其生态生长效率。

5.1.4.3 营养级位之间的生态效率

1. 消费效率（或利用效率）

消费效率可用来量度一个营养级位对前一营养级位的相对采食压力。此值一般在25%～35%，这说明每一营养级位的净生产量有65%～75%进入腐屑食物链。利用效率的高低，说明前一营养级位的净生产量被后一营养级位同化了多少，即被转化利用了多少。

2. 林德曼效率（1/10 定律）

这是美国生态学家 R. L. Lindman 于 1942 年在经典能流研究中心提出的，它相当于同化效率、生长效率和消费效率的乘积。但也有学者把营养级间的同化能量之比值视为林德曼效率，即根据林德曼测量结果，这个比值大约为 1/10，曾被认为是一项重要的生态学定律。但这仅是湖泊生态系统的一个近似值，在其他不同的生态系统中，高则可达 30%，低则可能只有 1%或更低。对自然水域生态系统的研究表明，在从初级生产量到次级生产量的转化过程中，林德曼效率为 15%～20%。

5.2 生态系统中的能量流动

5.2.1 生态系统中的初级生产

生态系统的物质生产由初级生产和次级生产两大部分组成。

5.2.1.1 初级生产的基本概念

初级生产（primary production），是指绿色植物的生产，即植物通过光合作用，吸收和固定光能，把无机物转化为有机物的生产过程，也称为第一性生产。

在初级生产过程中，植物固定的能量有一部分被植物自己的呼吸消耗掉，剩下的可用于植物生长和生殖，这部分生产量称为净初级生产量（net primary production），包括呼吸消耗在内的全部生产量，称为总初级生产量（gross primary production）。总初级生产量（GP）、呼吸所消耗的能量（R）和净初级生产量（NP）三者之间的关系是：

$$GP = NP + R$$

$$NP = GP - R$$

净初级生产量是可提供生态系统中其他生物（主要是各种动物和人）利用的能量。生产量通常用每年每平方米所生产的有机物质干重[$g/(m^2 \cdot a)$]或每年每平方米所固定的能量值：[$J/(m^2 \cdot a)$]表示。所以初级生产量也可称为初级生产力，它们的计算单位是完全一样的，但在强调率的概念时，应当使用生产力。生产量和生物量是两个不同的概念，生产量含有速率的概念，是指单位时间单位面积上的有机物质生产量，而生物量是指在某一定时刻调查时单位面积上积存的有机物质（干重），单位是 g/m^2 或 J/m^2。

5.2.1.2 全球的初级生产量

全球陆地净初级生产总量的估计值为年产 115×10^9 t 干物质，全球海洋净初级生产总量为年产 55×10^9 t 干物质。海洋面积约占地球表面的 2/3，但其净初级生产量只占全球净初级生产总量的 1/3。海洋中珊瑚礁和海藻床是高生产量的，年产干物质超过 2 000 g/m^2；河口湾由于有河流的辅助能量输入，上涌流区域也能从海底带来额外营养物质，它们的净生产量比较高；但是这几类生态系统所占面积不大。占海洋面积最大的大洋区，其净生产量相当低，平均仅 125 $g/(m^2 \cdot a)$，被称为海洋荒漠，这是海洋净初级生产量只占全球 1/3 左右的原因。在海洋中，由河口湾向大陆架到大洋区，单位面积净初级生产量和生物量有明显的降低趋势。在陆地上，热带雨林是生产量最高的，平均 2 200 $g/(m^2 \cdot a)$，由热带雨林向温带常绿林、落叶林、北方针叶林、稀树草原、温带草原、寒漠和荒漠依次减少。

5.2.1.3 初级生产的生产效率

对初级生产的生产效率的估计，可以用一个最适条件下的光合效率为例，如在热带一个无云的白天，或温带仲夏的一天，太阳辐射的最大输入量可达 2.9×10^7 $J/(m^2 \cdot d)$。扣除 55%属紫外和红外辐射的能量，再减去一部分被反射的能量，真正能为光合作用所利用的就只占辐射能的 40.5%，再除去非活性吸收（不足以引起光合作用机理中电子的传递）和不稳定的中间产物，能形成糖的约为 2.7×10^6 $J/(m^2 \cdot d)$，相当于 120 $g/(m^2 \cdot d)$ 的有机物质，这是最大光合效率的估计值，约占总辐射能的 9%。但实际测定的最大光合效率的值只有 54 $g/(m^2 \cdot d)$，接近理论值的 1/2，大多数生态系统的净初级生产量的实测值都远远较此为低。由此可见，净初级生产力不是受光合作用固有的转化光能的能力所限制，而是受其他生态因素所限制。

从20世纪40年代以来，对各种生态系统的初级生产效率所做的大量研究表明，在自然条件下，总初级生产效率很难超过3%，虽然人类精心管理的农业生态系统中曾经有过6%~8%的记录。一般来说，在富饶肥沃的地区总初级生产效率可以达到1%~2%；而在贫瘠荒凉的地区大约只有0.1%；就全球平均来说，是0.2%~0.5%。

5.2.1.4 初级生产量的测定方法

1. 收获量测定法

收获量测定法用于陆地生态系统。定期收割植被，烘干至恒重，然后以每年每平方米的干物质质量来表示。取样测定干物质的热量，并将生物量换算为J/(m^2·a)。为了使结果更精确，要在整个生长季中多次取样，并测定各个物种所占的比重。在应用时，有时只测定植物的地上部分，有时还测定地下根的部分。

2. 氧气测定法

氧气测定法多用于水生生态系统，即黑白瓶法。用3个玻璃瓶，其中一个用黑胶布包上，再包以铅箔。从待测的水体深度取水，保留一瓶（初始瓶）以测定水中原来溶氧量。将另一对黑白瓶沉入取水样深度，经过24 h或其他适宜时间，取出进行溶氧测定。根据初始瓶、黑瓶、白瓶溶氧量，即可求得净初级生产量、呼吸量、总初级生产量。昼夜氧曲线法是黑白瓶方法的变形。每隔2~3 h测定一次水体的溶氧量和水温，做成昼夜氧曲线。白天由于水中自养生物的光合作用，溶氧量逐渐上升；夜间由于全部好氧生物的呼吸，氧溶量逐渐减少。这样，就能根据溶氧量的昼夜变化，来分析水体中群落的代谢情况。因为水中氧溶量还随温度而改变，因此必须对实际观察的昼夜氧曲线进行校正。

3. CO_2测定法

CO_2测定法用塑料帐将群落的一部分罩住，测定进入和抽出空气中CO_2含量。如黑白瓶方法比较水中溶氧量那样，本方法也要用暗罩和透明罩，也可用夜间无光条件下的CO_2增加量来估计呼吸量。测定空气中的CO_2含量的仪器是红外气体分析仪，或用经典的KOH吸收法。

4. 放射性标记物测定法

放射性标记物测定法把放射性^{14}C以碳酸盐的形式，放入含有自然水体浮游植物的样瓶中，沉入水中经过短时间培养，滤出浮游植物，干燥后在计数器中测定放射活性，然后通过计算，确定光合作用固定的碳量。因为浮游植物在黑暗中也能吸收^{14}C，因此还要用“暗呼吸”做校正。

5. 叶绿素测定法

叶绿素测定法通过薄膜将自然水进行过滤，然后用丙酮提取，将丙酮提出物在分光光度计中测量光吸收，再通过计算，化为每平方米含叶绿素多少克。叶绿素测定法最初应用于海洋和其他水体，较用^{14}C和氧测定法简便，花的时间也较少。

6. 遥感和地理信息系统（GIS）技术的应用

通过遥感和GIS技术可获得大尺度生物量和生产力的分布以及变动规律。通过建立遥感信息与实测数据之间的数学模型，可实现由可见光、近红外多谱段颜色等资料直接推算群落的叶面积和NPP（净初级生产力），然后利用GIS的分析平台，将估算的NPP的分布格局以最直观的图形方式表示出来。其中耦合的遥感空间数据、GIS 分析技术和动态的 NPP 模型是一个重要的、赋予挑战性的领域，将大大增强人类对生态系统中植被生产力在区域和全球大尺度上的估算和预测能力。

5.2.2 生态系统中的次级生产

5.2.2.1 次级生产的基本概念

次级生产（secondary production），是指消费者和分解者利用初级生产所制造的物质和贮存的能量进行新陈代谢，经过同化作用转化成自身物质和能量的过程，也称为第二性生产。牛羊等取食牧草，为一级消费者。由于二、三级消费者的取食都是有机物，其能量流动及其加工过程与一级消费者基本相同，属于同一类型——动物性生产，统称为次级生产。

从理论上讲，绿色植物的净初级生产量都是植食动物所构成的次级生产量，但实际上植食动物只能利用净初级生产量中的一部分。造成这一情况的原因是很多的，或因不可食用，又或因种群密度过低而不易采食；即使已摄食的，还有一些不被消化的部分；再除去呼吸代谢要消耗的一大部分能量。因此，各级消费者所利用的能量仅仅是被食者生产量中的一部分。

次级生产可以概括为下式：

$$C=A+\mathrm{Fu}$$

式中，C——摄入的能量；

A——同化的能量；

Fu——排泄物、分泌物、粪便和未同化食物中的能量。

A 又可进一步分解为：

$$A=\mathrm{PS}+R$$

式中，PS——次级生产的能量；

R——呼吸中丢失的能量。

所以

$$C=\mathrm{PS}+\mathrm{Fu}+R$$

那么，次级生产量可表示为：

$$\mathrm{PS}=C-\mathrm{Fu}-R$$

5.2.2.2 次级生产量的测定

各种生态系统中的食草动物利用或消费植物净初级生产量的效率是不同的。一般来说，无脊椎动物有高的生长效率，约为 30%~40%（呼吸丢失能量较少，因而能将更多的同化能量转变为生长能量）；外温性脊椎动物居中，约为 10%；内温性脊椎动物很低，仅为1%~2%。它们为维持恒定体温而消耗很多已同化的能量。因此，动物的生长效率与呼吸消耗呈明显的负相关。

（1）按同化量和呼吸量估计生产量，即 $P=A-R$；按摄食量扣除粪尿量估计同化量，

即 $A=C-Fu$。测定动物摄食量可在实验室内或野外进行，按 24 h 的饲养投放食物量减去剩余量求得。摄食食物的热量用热量计测定。在测定摄食量的实验中，同时可测定粪尿量。用呼吸仪测定耗氧量或 CO_2 排放量，转为热值，即呼吸能量。上述测定通常是在个体水平上进行，因此要与种群数量、性比、年龄结构等特征结合起来，才能估计出动物种群的净生产量。

（2）此外，我们也可以用另一种方式来计算净生产量，即净生产量 = 生物量变化 + 死亡损失 = 30+40 = 70（生物量单位）。因为死亡和迁出是净生产量的一部分，所以不应该将其忽略不计。

5.2.3 生态系统中的物质分解

5.2.3.1 物质的分解过程及意义

（1）物质分解作用的概念。分解作用（decomposition，D）是指动植物和微生物的残株、尸体等复杂有机物分解为简单无机物的逐步降解过程。这个过程正好与光合作用时无机营养元素的固定是相反的过程。

（2）有机物质的分解过程。生态系统中的分解作用是一个极为复杂的过程，包括降解、碎化和淋溶等，然后通过生物摄食和排出，并有一系列酶参与到各个分解的环节中。在分解动物尸体和植物残体中起决定作用的是异养微生物。

降解（degradation，K），是指在酶的作用下，有机物质通过生物化学过程，分解为单分子的物质或无机物等的过程。

碎化（breakdown，C），是指颗粒体的粉碎，是一种物理过程。主要的改变是动物生命活动的结果，当然也包括了非生物因素，如风化、结冰、解冻和干湿作用等。

淋溶（leaching，L），是指水将资源中的可溶性成分解脱出来。有机体一旦死亡，那些可溶的或水解的物质就很快地溶解出来。这个过程并不一定要有微生物参与。

分解过程（D）实际上是这 3 个分解过程的乘积，即：

$$D=KCL$$

分解作用的模型体现了上述 3 个过程在一定时间中将资源从一种状态（%）转化为另一种状态（R_2）。控制该过程的驱动变量是有机物质的性质（Q）、生物分解者（O）和分解过程中的环境条件（P）。

物质分解作用中，伴随着分化和再循环过程，物质将以不同的速率和过程被分解。分解的早期显示其多途径的分化，物质经降解、碎化和淋溶转化为无机物、碳水化合物和多酚化合物、分解者组织，以及未改变性质的降解颗粒等。这一阶段的产物为生产者提供可利用的营养元素。长期分解作用的结果是形成相同的产物——腐殖质（humus）。腐殖质是一种分子结构十分复杂的高分子化合物，它可长期存在于土壤中，成为土壤中最重要的活性成分。

（3）分解作用的意义。在建立全球生态系统生产和分解的动态平衡中，物质分解发挥着极其重要的作用，主要有：①通过死亡物质的分解，使有机物中的营养元素释放出来，参与物质的再循环（recycling），同时给生产者提供营养元素；②维持大气中 CO_2浓度；③稳定和提高土壤有机质的含量，为碎屑食物链以后各级生物提供食物；④改善土壤物理性状，改造地球表面惰性物质，降低污染物危害程度；⑤其他功能，如在有机质分解过程中产生具有调控作用的环境激素（environmental hormone），对其他生物的生长产生重大影响，这些物质可能是抑制性的或刺激性的。

5.2.3.2 生物分解者

（1）微生物。微生物中的细菌和真菌是有机物质的主要分解者。在细菌体内和真菌菌丝体内具有各种完成多种特殊的化学反应所必需的酶系统。这些酶被分泌到死的物质资源内进行分解活动，一些分解产物作为食物而被细菌或真菌所吸收；另一些继续保留在环境中。

（2）食碎屑动物。陆地生态系统的分解者主要是指一些食碎屑（detritivore）的无脊椎动物。按机体大小可分为微型、中型和大型动物 3 大动物区系。①微型动物区系（microfauna），体宽在 100μm 以下，包括原生动物、线虫、轮虫、体型极小的弹尾目昆虫。它们都不能碎裂枯枝落叶，属黏附类型。②中型动物区系（mesofauna），体宽 100 μm～2 mm，包括原尾虫、线蚓类、双翅目幼虫和一些小型鞘翅目昆虫，它们大部分能侵蚀新落下的枯叶，但对落叶层总的降解作用并不显著。③大型动物区系（macrofauna），体宽 2～20 mm，包括各种取食落叶层的节肢动物，如千足虫、等足目和端足目动物、蛞蝓和蜗牛以及较大的蚯蚓。这些动物参与扯碎植物残叶、土壤的翻动和再分配的过程，对分解和土壤结构有明显作用。

水域生态系统的分解成员与陆地不同，但其过程也分搜集、刮取、粉碎、取食或捕食等几个环节，其作用也相似。总之，一个分解者系统具有复杂的食物链系统。

5.2.3.3 影响分解作用的环境因素

影响土壤微生物活动的因素都是影响有机物质分解的因素。①土壤温度，土壤微生物活动的最适温度一般在 25～35 ℃。高于 45 ℃或低于 0 ℃时，一般微生物活动受到抑制。②土壤湿度和通气状况，过多的水分影响土壤的通气状况，从而改变有机物质转化过程和产物。③pH 状况，各种微生物都有各自最适宜活动的 pH 和可以适应的范围。pH 过高或过低对微生物活动都有抑制作用。

土壤有机物的积累主要取决于气候等理化环境。有机物分解速率也随纬度而变化。一般而言，低纬度温度较高、湿度大的地区，有机物分解速率也快；而温度较低和干燥的地区，其分解速率低，因而土壤中易积累有机物质。在同一气候带内局部地方有机物质的积累也有区别，它可能取决于该地的土壤类型和待分解资源的特点。

5.2.3.4 资源质量与分解作用的关系

待分解资源的物理和化学性质影响着分解的速率。有机物质中各种化学成分的分解速率有明显的差异。一般淀粉、糖类和半纤维素等分解较快，纤维素和木质素等则难以分解。研究表明：植物有机物质中各种化学成分的分解速率，一年后糖类分解几乎达 100%，半纤维素为 90%，木质素为 50%，而酚只分解 10%。

有机物质中的碳氮比（C/N）对其分解速率影响很大。待分解有机物的 C/N，常可作为生物降解性能的测度指标，最适 C/N 是（25~30）：1。另外，其他营养元素（如 P、S）的缺乏也会影响有机物质的分解速率。

5.2.4 生态系统中的能量流动

5.2.4.1 能量在生态系统中的分配和消耗

植物通过光合作用所同化的第一性生产量成为进入生态系统中可利用的基本能源。这些能量遵循热力学基本定律在生态系统内各成分之间不停地流动或转移，使生态系统的各种功能得以正常进行。能量流动从初级生产在植物体内分配与消耗开始。

生产者体内所储存的能量在生态系统中可做如下分配：一部分为昆虫、鸟类和其他草食动物所利用，而进入草食动物体内；另一部分以残落物的形式储存起来，作为穴居土壤动物和分解者的食物来源；还有一部分则以活体形式储存于生产者体内。

初级净生产作为第二性生产的原材料被草食动物采食后，一部分以未被消化吸收的残渣排泄出体外，进入环境成为小型消费者的食物。消化后的同化量大部分用来维持生命活动，其中呼吸消耗一部分，另一部分储存于体内，增长身体和繁殖后代，成为第二性生产量。肉食动物以草食动物为食，草食动物转移到肉食动物的能量也只占 10%~20%。

综上所述，食物在生态系统各成分间的消耗、转移和分配过程，就是能量的流通过程。

5.2.4.2 能量在生态系统中流动的特点

（1）生态系统能量传递遵循热力学定律。热力学第一定律指出，自然界能量可以由一种形式转化为另一种形式；在转化过程中按严格的当量比例进行。能量既不能消灭，也不能凭空创造。热力学第二定律指出，生态系统的能量从一种形式转化为另一种形式时，总有一部分能量转化为不能利用的热能而耗散。

（2）生态系统能量是单向流动。能流的单一方向性主要表现在 3 个方面：①太阳的辐射能以光能的形式输入生态系统后，通过光合作用被植物固定，此后不能再以光能的形式返回；②自养生物被异养生物摄食后，能量就由自养生物流到异养生物体内，不能再返回给自养生物；③从总的能流途径而言，能量只能一次性流经生态系统，是不可逆的。

（3）能量在生态系统内流动的过程是不断递减的过程。从太阳辐射能到被生产者固定，再经植食动物，到肉食动物，再到大型肉食动物，能量是逐级递减的过程。这是因为：①各营养级消费者不可能百分之百地利用前一营养级的生物量；②各营养级的同化作用也不是百分之百的，总有一部分不被同化；③生物在维持生命过程中进行新陈代谢总是要消耗一部分能量。

（4）能量在流动中质量逐渐提高。能量在生态系统中流动，一部分能量以热能耗散，另一部分的去向是把较多的低质量能转化成另一种较少的高质量能。从太阳能输入生态系统后的能量流动过程中，能量的质量是逐步提高的。

5.2.4.3 生态系统中能量流动的途径和过程

生态系统中的能量流动是借助于食物链和食物网来实现的，食物链和食物网便是生态系统能流的渠道。对于不同的生态系统，以及系统内不同生物组织水平，其能量流动规律是有所差异的。

（1）个体水平的能流过程。个体水平上的能量流动是研究食物链水平乃至生态系统水平上能量流动的基础，目前主要局限于对动物个体能流的研究。G. O. Batzli（1975）提出了一个旨在定性表述植物或动物个体能流的模式。在植物或动物的个体能流中，太阳辐射能或食物作为能源分别被动物或植物通过取食或吸收使能量进入有机体，其间伴随着辐射能的损耗及植物蒸腾耗热和动物体表水分蒸发的能量损耗。进入有机体的能量构成总生产，并通过以下几种途径转移：①呼吸代谢并产生乙醇、乳酸或 CO_2；②含氮化合物作为废物被排泄掉；③有机体可以完成移动负荷做功；④结合在还原碳中的能量进一步形成各种含能产品，构成净生产。当含能产品的积累率大于其消耗率，即净生产为正时，在宏观上表现为有机体的生长。有机体净生产除一部分形成产量（含能产品）外，其余能量通过以下几种途径转移：一是用于繁殖后代（幼仔）；二是个体的某些部分死亡脱落；三是形成一些分泌物（植物的树胶、黏胶、挥发性物质）和信息激素。

（2）食物链水平的能量流动。在太阳能被植物吸收固定并沿食物链流动的过程中，食物链上存留的能量随营养级的升高不断损失。当能量从一个营养级传递到相邻的下一个营养级时，其耗损是多方面的：①由于不可食或不得食而不能被利用的；②可以利用但因消费者密度低或食物选择限制而未能利用的；③利用（消费）了而未被同化的；④同化后部分被呼吸消耗掉的以及变为生产量后又因多种原因被减少了的。

（3）生态系统水平的能量流动。个体水平、食物量水平的能流是整个生态系统能流的基础单元。生态系统的食物网较复杂，所以进入生态系统的太阳能和其他形式的能量可沿多条食物链流动，并逐渐递减。将生态系统的能量分为 4 个库，即植物能量库、动物能量库、微生物能量库及死有机物能量库。进入生态系统的能量在这 4 个库之间被逐级利用，其间有一部分太阳能被反射、散射而离开了生态系统，有一部分经呼吸作用以热能的形式离开了系统，还有一部分以产品的形式输出。

5.3 生态系统中的物质循环

5.3.1 物质循环的一般特点

生态系统从大气、水体和土壤等环境中获得营养物质，通过绿色植物吸收，进入生态系统，被其他生物重复利用，最后归入环境中，称为物质循环（cycle of material），又称生物地球化学循环（biogeo-chemical cycle）。能量流动和物质循环是生态系统中的两个基本过程，正是这两个过程使生态系统各个营养级之间和各种成分（非生物和生物）之间组成一个完整的功能单位。

5.3.1.1 物质循环的模式

生态系统中的物质循环可以用库（pool）和流通（flow）两个概念加以概括。库是指由存在于生态系统某些生物或非生物成分中一定数量的某种化合物所构成的。对于某一种元素而言，存在一个或多个主要的蓄库。在库里，该元素的数量远远超过正常结合在生命系统中的数量，并且通常只能缓慢地将该元素从蓄库中放出。物质在生态系统中的循环实际上是在库与库之间流通。在一个具体的水生生态系统中，磷在水体中的含量是一个库，在浮游生物体内的磷含量是第二个库，而在底泥中的磷含量又是一个库，磷在库与库之间的转移（浮游生物对水中磷吸收以及死亡后残体下沉到水底，底泥中的磷又缓慢释放到水中）就构成了该生态系统中的磷循环。

在单位时间、单位面积内的转移量就称为流通量。

流通量常用单位时间、单位面积内通过的营养物质的绝对值表示。为了表示一个特定的流通过程对有关库的相对重要性，用周转率（turnover rate）和周转时间（turnover time）来表示。周转率就是出入一个库的流通率除以该库中的营养物质的总量。周转时间就是库中的营养物质总量除以流通率，周转时间表达了移动库中全部营养物质所需要的时间。

物质循环的速率在空间和时间上有很大的变化，影响物质循环速率最重要的因素有：①循环元素的性质，即循环速率由循环元素的化学特性和被生物有机体利用的方式不同所致；②生物的生长速率，这一因素影响着生物对物质的吸收速率，以及物质在食物和食物链中的运动速率；③有机物分解的速率，适宜的环境有利于分解者的生存，并使有机体很快分解，迅速将生物体内的物质释放出来，重新进入循环。

5.3.1.2 物质循环的类型

生物地球化学循环可分为 3 大类型，即水循环（water cycle）、气体型循环（gaseous cycle）和沉积型循环（sedimentary cycle）。

生态系统中所有的物质循环都是在水循环的推动下完成的。

在气体型循环中，物质的主要储存库是大气和海洋，循环与大气和海洋密切相连，具有明显全球性，循环性能最为完善。凡属于气体型循环的物质，其分子或某些化合物常以气体的形式参与循环过程。属于这一类的物质有氧、二氧化碳、氮、氯、氟等。

主要蓄库与岩石、土壤和水相联系的是沉积型循环，如磷、硫循环。沉积型循环速率比较慢，参与沉积型循环的物质，其分子或化合物主要是通过岩石的风化和沉积物的溶解转变为可被生物利用的营养物质，而海底沉积物转化为岩石圈成分则是一个相当长的、缓慢的、单向的物质转移过程，时间要以千年来计。属于沉积型循环的物质有磷、钙、钾、钠、镁、锰、铁、铜、硅等，其中磷是较典型的沉积型循环物质。

生物地球化学循环的过程研究主要是在生态系统水平和生物圈水平上进行的。在局部的生态系统中，可选择一个特定的物种，研究它在某种营养物质循环中的作用，如在生产者、消费者和分解者等各个营养级之间以及与环境的交换。生物圈水平上的生物地球化学循环研究，主要研究水、碳、氧、磷、氮等物质或元素的全球循环过程。

5.3.2 水循环

5.3.2.1 全球水循环

水既是一切生命有机体的重要组成成分，又是生物体内各种生命过程的介质，还是生物体内许多生物化学反应的底物。陆地、大气和海洋的水，形成了一个水循环系统。水域中，水受到太阳辐射作用而蒸发进入大气中，水汽随气压变化而流动，并聚集为云、雨、雪、雾等形态，其中一部分降至地表。到达地表的水，一部分直接形成地表径流进入江河，汇入海洋；另一部分渗入土壤内部，其中少部分可为植物吸收利用，大部分通过地下径流进入海洋。植物吸收的水分中，大部分用于蒸腾，只有很小一部分通过光合作用形成同化产物，并进入生态系统，然后经过生物呼吸与排泄返回环境。大气中的水分循环速率很快，能够通过蒸发和降水迅速得到更新。水通过各个储存库的循环周期的长短因储存库的大小不同而有显著差异。冰川水的周转期为 8 600 年；地下水的周转期为 5 000 年；江河水只有 11.4 d；植物体内水分的周转期最短，夏天为 2~3 d。生物圈中水的循环平衡是靠世界范围的蒸发与降水来调节的。由于地球表面的差异和距太阳远近的不同，水的分布不仅存在着地域上的差异，还存在着季节上的差异。一个区域的水分平衡受降水量、径流量、蒸发量和植被截留量以及自然蓄水的影响。降水量、蒸发量的大小又受地形、太阳辐射和大气环流的影响。地面的蒸发和植物的蒸腾与农作制度有关。土地裸露不仅使土壤蒸发量增大，并且由于缺少植被的截留，使地面径流量增大。

5.3.2.2 生态系统中的水循环

生态系统中的水循环包括截取、渗透、蒸发、蒸腾和地表径流。植物在水循环中起着重要作用，植物通过根吸收土壤中的水分。与其他物质不同的是进入植物体的水分，只有1%~3%参与植物体的建造并进入食物链，由其他营养级所利用，其余 97%~99%通过叶面蒸腾返回大气中，参与水分的再循环。不同的植被类型，蒸腾作用是不同的，而以森林植被的蒸腾最大，它在水的生物地球化学循环中的作用最为重要。

5.3.3 气体型循环

5.3.3.1 碳循环

碳是一切生命中最基本的成分，有机体干重 45%以上是碳。据估计，全球碳储存量约为 26×10^{15} t，但绝大部分是以碳酸盐的形式禁锢在岩石圈中，其次是储存在化石燃料中。碳的主要循环形式是从大气的二氧化碳蓄库开始，经过生产者的光合作用，把碳固定，生成糖类，然后经过消费者和分解者，在呼吸和残体腐败分解后，再回到大气蓄库中。碳被固定后始终与能流密切结合在一起，生态系统的生产力的高低也是以单位面积中的碳来衡量的。

除大气外，碳的另一个储存库是海洋，它的含碳量是大气的50倍。在水体中，水生植物将大气中扩散到水上层的二氧化碳固定转化为糖类，通过食物链经消化合成，再消化再合成，各种水生动植物呼吸作用又释放二氧化碳到大气中。动植物残体埋入水底，其中的碳暂时离开循环。但是经过地质年代，又可以石灰岩或珊瑚礁的形式再露于地表；岩石圈中的碳也可以借助于岩石的风化和溶解、火山爆发等重返大气圈。有部分则转化为化石燃料，燃烧过程使大气中的二氧化碳含量增加。

自然生态系统中，植物通过光合作用从大气中摄取碳的速率与通过呼吸和分解作用而把碳释放到大气中的速率大体相同。大气中的二氧化碳含量有明显的日变化和季节变化。碳循环的速率很快，最快的在几分钟或几小时就能够返回大气，一般会在几周或几个月返回大气。

5.3.3.2 氮循环

氮是生命代谢元素。大气中氮的含量约为78%，总量约为3.85×10^{15} t，但它是一种很不活泼的气体，不能为大多数生物直接利用。氮只有通过固氮菌的生物固氮、闪电等的大气固氮以及工业固氮3条途径，转为硝酸盐或氨的形态，才能为生物吸收利用。

在生态系统中，植物从土壤中吸收硝酸盐、铵盐等含氮化合物，与体内的含氮化合物结合生成各种氨基酸，氨基酸彼此联结构成蛋白质分子，再与其他化合物一起建造了植物有机体，于是氮素进入生态系统的生产者有机体，进一步为动物取食，转变为含氮的动物蛋白质。动植物排泄物或残体等含氮的有机物经微生物分解为CO_2、H_2O和NH_3返回环境，NH_3可被植物再次利用，进入新的循环。氮在生态系统的循环过程中，常因有机物的燃烧而挥发损失；或因土壤通气不良，硝态氮经反硝化作用变为游离氮而挥发损失；或因灌溉、水蚀、风蚀、雨水淋洗而流失等。损失的氮或进入大气，或进入水体，变为多数植物不能直接利用的氮素。因此，必须通过上述各种固氮途径来补充，从而保持生态系统中氮素的循环平衡。每年氮的固定略大于反硝化。

5.3.4 沉积型循环

5.3.4.1 磷循环

磷是生物不可缺少的重要元素，生物的代谢过程都需要磷的参与。磷是核酸、细胞膜和骨骼的主要成分，高能磷酸键在二磷酸腺苷（ADP）和三磷酸腺苷（ATP）之间可逆地转移，它是细胞内一切生化作用的能量。

磷溶于水而不挥发，是典型的沉积型循环物质。磷以地壳作为主要储存库。岩石土壤风化释放的磷酸盐和农田中施用的磷肥，被植物吸收进入体内。含磷有机物沿两条循环支路循环：一条是沿食物链传递，并以粪便、残体的形式归还土壤；另一条是以枯枝落叶、秸秆归还土壤。各种磷的有机化合物经土壤微生物的分解，转变为可溶性的磷酸盐，可再次供给植物吸收利用，这是磷的生物小循环。在这一循环过程中，一部分磷脱离生物小循环进入地质大循环，其支路有两条：一条是动植物遗体在陆地表面的磷矿化；另一条是磷受水的冲蚀进入江河，流入海洋。另外，海洋中的磷又以捕鱼的方式被人类或海鸟带回陆地的量也不可忽视。进入海洋的磷酸盐一部分经过海洋的沉降和成岩作用，变成岩石，然后经地质变化、造山运动，才能成为可供开采的磷矿石。因此，磷是一种“不完全”的缓慢循环的因素。

5.3.4.2 硫循环

硫是蛋白质和氨基酸的基本成分，在地壳中硫的含量只有 0.052%，但其分布很广。在自然界，硫主要以元素硫、亚硫酸盐和硫酸盐 3 种形式存在。硫循环兼有气体型循环和沉积型循环的双重特征，SO_2和 H_2S 是硫循环中的重要组成部分，属气体型循环；被束缚在有机或无机沉积物中的硫酸盐，属于沉积型循环。

岩石圈中的有机、无机沉积物中的硫，一部分通过风化和分解作用而释放，以盐溶液的形式进入陆地和水体。溶解态的硫被植物吸收利用，转化为氨基酸的成分，并通过食物链被动物利用，最后随着动物排泄物和动植物残体的腐烂、分解，硫又被释放出来，回到土壤或水体中被植物重新利用。另一部分硫以气态形式参与循环，硫主要以 SO_2或 H_2S 的形式进入大气。硫进入大气的途径有：化石燃料的燃烧、火山爆发、海面散发和在分解过程中释放气体等。煤和石油中的硫燃烧时被氧化成 SO_2进入大气。SO_2可溶于水，随降水到达地面成为硫酸盐。氧化态的硫在化学和微生物作用下，转变成还原态的硫，反之，也可以实现相反转化。部分硫可沉积于海底，再次进入岩石圈。

5.3.5 有毒物质循环

有毒物质种类繁多，包括无机的和有机的两类。无机有毒物质主要指重金属、氰化物和氧化物等；有机有毒物质主要有酚类、有机氯农药等。大多数有毒物质，尤其是人工合成的大分子有机化合物和不可分解的重金属元素，在生物体内具有浓缩现象，在代谢过程中不能被排除，而被生物体同化，长期停留在生物体内，造成有机体中毒、死亡。

一般情况下，毒性物质进入环境，常常被空气和水稀释到无害的程度，以致无法用仪器检测。即使是这样，对食物链上有机体的毒害依然存在。因为小剂量毒物在生物体内经过长期的积累和浓集，也可以达到中毒致死的水平。同时，有毒物质在循环中经过空气流动及水的搬运以及在食物链上的流动，常常使有毒物质的毒性增加，进而造成中毒的过程复杂化。自然界也存在着对毒性物质分解，减轻毒性的作用。

5.4 生态系统中的物种流动

5.4.1 物种流动的基本概念

物种流（species flow），是指物种的种群在生态系统内或系统之间时空变化的状态。

物种流是生态系统一个重要过程，它扩大和加强了不同生态系统之间的交流和联系，提高了生态系统服务的功能。

物种流主要有3层含义：①生物有机体与环境之间相互作用所产生的时间、空间变化过程；②物种种群在生态系统内或系统之间格局和数量的动态，反映了物种关系的状态，如寄生、捕食、共生等；③生物群落中物种组成、配置，营养结构变化，外来种和本地种的相互作用，生态系统对物种增加和空缺的反应等。

5.4.2　物种流动的特点

（1）迁移和入侵。物种的空间变动可概括为无规律的生物入侵（biological invasion）和有规律的迁移（migration）两大类。无规律的生物入侵是指生物由原发地入侵一个新的生态系统的过程，入侵成功与否取决于多方面的因素。而有规律的迁移多指动物靠主动和自身行为进行扩散和移动，一般都是固有的习性和行为的表现，有一定的途径和路线，跨越不同的生态系统。

（2）有序性（order）。物种种群的个体移动有季节的先后，有年幼、成熟个体的先后等。

（3）连续性（continuous movement）。个体在生态系统内运动常是连续不断的，有时加速，有时减速。

（4）连锁性（chain reaction）。物种向外扩散常是成批的。东亚飞蝗先是少数个体起飞，然后带动大量蝗虫起飞。

5.5　生态系统中的信息流动

信息传递是指信息在生态系统中沿着一定的途径由一个生物传递给另一个生物的过程。信息传递是生态系统的基本功能之一，在传递过程中伴随着一定的物质和能量的消耗。信息传递往往是双向的，有从输入到输出的信息传递，也有从输出到输入的信息反馈。按照控制论的观点，正是由于这种信息流，才使生态系统产生了自动调节机制。生态系统中包含多种多样的信息，大致可以分为物理信息、化学信息、行为信息和营养信息。

5.5.1　物理信息

物理信息是指由物理因素引起的生物之间或生物与非生物之间的相互作用所产生的信息。它以物理过程为传递形式，生态系统中的各种光、声、热、电、磁等都是物理信息。其特点是存在范围广、作用大、直观而易捕获。

物理信息有两种作用：一是起着组分内与组分间及各种行为的调节作用，如鸟类的鸣叫、蝴蝶的飞舞、植物的颜色，某些动物的颜色和形态有吸引异性、种间识别、威吓和警告的作用；二是起着限制生命有机体行为的作用，如光强度、温度、湿度等物理信息都对生态系统中生物的生存产生或大或小的影响。

5.5.2 化学信息

生态系统的各个层次都有生物代谢产生的化学物质参与传递信息、协调各种功能，如生物代谢中分泌的维生素、生长素、抗菌素和性激素等，这种传递信息的化学物质统称为信息素。

化学信息传递主要包括植物间、动物间及动物和植物间的化学信息传递。例如，在植物群落中，一种植物通过某些化学物质的分泌和排泄而影响另一种植物的生长甚至生存。动物通过外分泌腺体向体外释放某种信息素，通过气流的运载，被种内的其他个体嗅到或接触到，接受者能立即产生某些行为反应，产生某种生理改变。植物体内含有的某些激素是抵御害虫的有力武器。某些裸子植物具有昆虫的蜕皮激素及其类似物。如有些金丝桃属植物，能分泌一种引导光敏性和刺激皮肤的化合物——海棠素，使误食的动物变盲或致死，故多数动物避开这种植物，但叶甲却利用这种海棠素作为引诱剂以找到食物。

5.5.3 行为信息

同一物种或不同物种个体相遇时，产生的异常行为或表现传递了某种信息，可统称为行为信息。这些行为信息可能是识别、报警，甚至是挑战的信号。

行为信息在鸟类、猿猴等动物中，领域性行为较为明显。蜜蜂发现蜜源时，就有舞蹈动作的表现，以“告诉”其他蜜蜂去采蜜，而且蜂舞有各种形态和动作，来表示蜜源的远近和方向，其他工蜂则以触觉来感觉舞蹈的步伐，判断出正确的方向和信息。地甫鸟发现天敌后，雄鸟急速起飞，扇动翅膀为雌鸟发出信号。

生态系统中许多植物的异常表现和许多动物的异常行为所包含的行为信息常常预示着灾变或反映着环境的变化。

5.5.4 营养信息

营养信息是指由外界营养物质数量的变化而导致生理代谢发生变化的一类信息。在生态系统中，食物链（网）就是一个生物的营养信息系统，各种生物通过营养信息关系联系成一个相互依存和相互制约的整体。营养信息通过食物链传递或生物体营养状况及生物种群繁殖等表现出来。

营养信息直接或间接地影响着生物的生长、发育、繁殖及迁徙，具有一定的调控作用。动物和植物不能直接对营养信息进行反应，通常需要借助于其他的信号手段。例如，当生产者的数量减少时，动物就会离开原生活地，去其他食物充足的地方生活，以此来减轻同种群的食物竞争压力。在草原牧区，草原的载畜量必须根据牧草的生长量而定，使牲畜数量与牧草产量相适应。如果不顾牧草提供的营养信息，超载过牧，就必定会因牧草饲料不足而使牲畜生长不良和引起草原退化。

5.6 生态系统的平衡与调节

5.6.1 生态平衡的概念

从生态学角度看，平衡是指某个主体与其环境的综合协调。从这一意义上说，生命系统的各个层次都涉及生态平衡的问题。如种群和群落的稳定不只受自身调节机制的制约，同时也与其他种群或群落及许多其他因素有关。这是对生态平衡的广义理解。狭义的生态平衡就是指生态系统的平衡，简称生态平衡。具体来说，在一定时间内，生态系统中生物各种群之间，通过能流、物流、信息流的传递，达到相互适应、协调和统一的状态，处于动态的平衡之中，这种动态的平衡称为生态平衡。

生态系统通过发展、变化、调节，达到一种相对稳定的状态，包括结构上的稳定、功能上的稳定和能量上输入、输出的稳定。生态平衡是动态的，因为能量流动和物质循环总在不间断地进行，生物个体也在不断地进行更新。在自然条件下，生态系统总是朝着种类多样化、结构复杂化和功能完善化的方向发展，直到使生态系统达到成熟的最稳定状态为止。

自然生态系统的平衡并不一定总是适应人们的需要。自然界的顶极群落是很稳定的生态系统，可以说是达到了生态平衡，但它的净生产量却不能满足人们的生产、生活的目的。从人类对食物和纤维等的大量需求来看，基本上不能依靠这种自然界原有的生态平衡系统，而需要建立各种各样的农业生态系统、人工林生态系统。与自然生态系统相比较，农业生态系统是很不稳定的，它的平衡和稳定需靠人类来维持。但自然界原有的生态平衡系统也是人类所必需的。

5.6.2 生态系统平衡的基本特征

生态系统不同发育期在结构和功能上是有区别的。在生态学中，把一个生态系统从幼年期到成熟期的发展过程称为生态系统发育。在没有人为干扰的情况下，生态系统发育的结果是结构更加多样复杂、各种组分间的关系协调稳定、各种功能更加畅通。E. P. Odum曾比较了生态系统发育过程中在结构和功能等方面发生的一系列变化。这些指标作为生态系统平衡与否的度量指标。

5.6.2.1 生态能量学特征

幼年期生态系统的能量学特征具有“幼年性格”。如群落的初级生产量超过其总呼吸量，能量的储存大于消耗，总生产量（F）/群落呼吸量(R)>1。而成熟稳定的生态系统，群落呼吸消耗增加，P/R 常接近于 1。在生态学研究中，F/R 比值常作为判断生态系统发育状况的功能性指标。在发展早期，如果 R 大于 P，被称为异养演替（heterotrophic succession）；相反，如果早期的 P 大于 R，也就称为自养演替（autotrophic succession）。但是从理论上讲，上述两种演替中，P/R 比值都随着演替发展而接近于 1。换言之，在成熟的生态系统中，固定的能量与消耗能量趋向平衡。

5.6.2.2 食物网特征

幼年期和成熟期的生态系统，能流渠道的复杂程度也有差别。幼年期生态系统中食物链大多结构简单，常呈直链状并以放牧食物链为主。成熟期生态系统中食物网结构十分复杂，在陆地森林生态系统中，大部分通过腐食食物链传递。成熟系统复杂的营养结构，使它对物理环境的干扰具有较大的抵抗能力，这也是处于平衡的动态系统自我调节能力的表现。

5.6.2.3 营养物质循环特征

物质循环功能上的特征差异是成熟期生态系统的营养物质循环更趋于“闭环式”，即系统内部自我循环能力强。这是系统自身结构复杂化的必然结果，功能表现是由环境输入的物质量与还原过程向环境输出的最近似平衡。

5.6.2.4 群落结构特征

发育到成熟期的生态系统群落结构多样性增大，包括物种多样性、有机物的多样性和垂直分层导致的小生境多样化等。其中物种多样性——均匀性是基础，它是物种数量增多的结果，同时为其他物种的迁入创造了条件（有多种多样的小生境）。有机物多样性（或称“生化多样性”）的增加，是群落代谢产物或分泌物增加的结果，它可使系统的各种反馈和相克机制及信息量增多。生物群落多样性可能与群落的生产力呈负相关关系，但多样性却是生态系统进化所需要的。

5.6.2.5 稳态特征

这是生态系统自身的调节能力。成熟期的生态系统，这种能力主要表现为系统内部生物的种内和种间关系复杂，共生关系发达，抵抗干扰能力强，信息量多，熵值低。这是生态系统发育到成熟期，在结构和功能上高度发展和协调的结果。

5.6.2.6 选择性特征

实际上这是生态系统发育过程中种群的生态对策问题。幼年期生态系统的生物群落与其环境之间的协调性较差，环境条件变化剧烈。与之相适应的是，栖息的各类生物种群以具有高生殖潜力的物种为多。相反，当生态系统发育到成熟期后，生态条件比较稳定，因而有利于高竞争力的物种。因此，有的学者提出，量的生产是幼年期生态系统的特征，而质的生产和反馈能力的增强是成熟期生态系统的标志，也是生态系统保持平衡的重要条件。

5.6.3 生态平衡的调节机制

生态系统平衡的调节主要是通过系统的反馈机制、抵抗力和恢复力实现的。

5.6.3.1 反馈机制

由于生态系统具有负反馈的自我调节机制，所以在通常情况下，生态系统会保持自身的生态平衡。反馈可分为正反馈（positive feedback）和负反馈（negative feedback）。正反馈机制可以使系统更加偏离置位点，它不能维持系统的稳态。生物的生长、种群数量的增加等均属正反馈机制。要使系统维持稳态，只有通过负反馈机制。种群数量调节中，密度制约作用是负反馈机制的体现。负反馈机制调节作用的意义就在于通过自身的功能减缓系统内的压力以维持系统的稳定。

5.6.3.2 抵抗力

抵抗力（resistance），是指生态系统抵抗外干扰并维持系统结构和功能原状的能力，是维持生态平衡的重要途径之一。抵抗力与系统发育阶段状况有关，其发育越成熟，结构越复杂，抵抗外干扰的能力就越强。例如，中国长白山红松针阔混交林生态系统，生物群落垂直层次明显、结构复杂，系统自身储存了大量的物质和能量，这类生态系统抵抗干旱和虫害的能力要远远超过结构单一的农田生态系统。环境容量、自净作用等都是系统抵抗力的表现形式。

5.6.3.3 恢复力

恢复力（resilience），是指生态系统遭受外干扰破坏后，系统恢复到原状的能力。如污染水域切断污染源后，生物群落的恢复就是系统恢复力的表现。生态系统恢复能力是由生命成分的基本属性决定的，即由生物顽强的生命力和种群世代延续的基本特征所决定。所以，恢复力强的生态系统，生物的生活世代短，结构比较简单。如杂草生态系统遭受破坏后恢复速率要比森林生态系统快得多。生物成分（主要是初级生产者层次）生活世代长，结构越复杂的生态系统，一旦遭到破坏则长期难以恢复。但就抵抗力的比较而言，两者的情况却完全相反，恢复力越强的生态系统其抵抗力一般比较低，反之亦然。

生态系统对外界干扰具有调节能力才使之保持了相对的稳定，但是这种调节能力不是无限的。生态平衡失调就是外干扰大于生态系统自身调节能力的结果和标志。不使生态系统丧失调节能力或未超过其恢复力的外干扰及破坏作用的强度称为“生态平衡阈值”。阈值的大小与生态系统的类型有关，还与外干扰因素的性质、方式及作用持续时间等因素密切相关。生态平衡阈值的确定是自然生态系统资源开发利用的重要参量，也是人工生态系统规划与管理的理论依据之一。

第6章 景观生态学

6.1 景观生态学概述

6.1.1 景观的含义

"景观"是人们在日常生活中经常遇到的概念之一。景观的特征与表象是丰富的，人们对景观的感知和认识也是多样的，因此对于景观的理解也不同，在科学研究中，不同学科对景观也有不同的解释。由于景观概念的不确定性，经常导致景观与"风景""土地""环境"等词义的混淆。.

6.1.1.1 对景观的一般理解

"景观"一词最早出自希伯来文的《圣经》旧约全书，描述耶路撒冷所罗门王的城堡、宫殿等的美丽景色。后来在15世纪中叶西欧艺术家们的风景油画中，景观成为透视中所见地球表面景色的代称。这时，景观的含义同汉语中的"景色""景致""风景""景象"等一致，等同于英语中的"scenery"，都是视觉美学意义上的概念。英语中的景观源于德语，被理解为形象而又富于艺术性的风景概念。这种针对美学风景的景观理解，既是景观最朴素的含义，也是后来科学概念的来源。从这种一般理解中可以看出，景观没有明确的空间界限，主要是突出一种综合的、直观的视觉感受。

6.1.1.2 地理学中的景观

首先是地理学的发展赋予了景观科学的含义。地理学认为景观与地圈是不可分的，它是地表物质的具体表现形式，景观的总和形成地圈，地圈的具体体现就是景观。

苏联地理学家给景观下的定义是："景观是景观地区发生学上的独特部分，它无论在地带性或非地带性方面都具有一致性，即整体的自然地理一致性，具有各自的结构和各自的形态。"

I. S. Zonneveld（1979）对景观做了进一步解释，他认为景观是："地球表面空间的一部分，是由岩石、水、空气、植物、动物以及人类活动所形成的系统的复合体，并由外貌构成一个可识别的实体。"

目前，地理学中对景观比较一致的理解是：景观是由各个在生态上和发生上共轭的、有规律地结合在一起的最简单的地域单元所组成的复杂地域系统，并且是各要素相互作用的自然地理过程总体，这种相互作用决定了景观动态。

6.1.1.3 景观生态学中的景观

在生态学中，景观（landscape）在自然等级系统中属于比生态系统高一级的层次。景观是一个自然生态系统和人类生态系统相叠加的复合生态系统。任何一种景观，像一片森林、一片沼泽地、一个城市，里面都是有物质、能量及物种在流动的，是"活"的，是有功能和结构的。在一个景观系统中，至少存在着5个层次上的生态关系：①景观与外部系统的关系，例如高海拔将南太平洋的暖湿气流转化为雨，在被灌溉、饮用和洗涤利用之后，流到干热的红河谷地，而后蒸腾、蒸发回到大气，经降雨又回到景观之中，从而有了经久不衰的元阳梯田和山上茂密的丛林。②景观内部各元素之间的生态关系，即水平生态过程。这种水平生态过程包括水流、物种流、营养流与景观空间格局的关系，这正是景观生态学的主要研究对象。③生态关系，是指景观元素内部的结构与功能的关系。④存在于生命与环境之间的生态关系。⑤存在于人类与其环境之间的物质、营养及能量的生态关系。

景观具有以下5个特征：

（1）景观由不同空间单元镶嵌组成，具有异质性。

（2）景观是具有明显形态特征与功能联系的地理实体，其结构与功能具有相关性和地域性。

（3）景观既是生物的栖息地，更是人类的生存环境。

（4）景观是处于生态系统之上、全球环境之下的中间尺度，具有尺度性。

（5）景观具有经济、生态和文化的多重价值，表现为综合性。

依据以上特征，将景观定义为：景观是一定空间范围内，由不同生态系统所组成的、具有重复性格局的异质性地域单元。

6.1.2 景观生态学的产生和发展

1939年，德国著名生物地理学家C. Troll最早提出景观生态学（landscape ecology）的概念。Troll将景观生态学定义为研究某一景观中生物群落与主要生物群落之间错综复杂的因果反馈关系的学科。为此，Troll特别强调景观生态学是将航空摄影测量学、地理学和植被生态学结合在一起的综合性研究。Troll把景观看作人类生活环境中的"空间的总体和视觉所触及的一切整体"，把地球陆圈、生物圈和理性圈都看作这个整体的有机组成部分。苏联生态学家提出的生物地理群落学（biogeocoenology），其内容与早期欧洲的景观生态学相似。

1984年，在第一部较为有影响的景观生态学英文教科书中，Naveh和D. Lieberman继承并进一步发展了欧洲早期景观生态学的概念，提出了“景观生态学是基于系统论、控制论和生态系统学之上的跨学科的生态地理科学，是整体人类生态系统科学的一个分支”。欧洲景观生态学的一个重要特点是强调整体论（holism）和生物控制论（biocybernetics）观点，并以人类活动频繁的景观系统为主要研究对象。因此，景观生态学在欧洲一直与土地和景观的规划管理、保护和恢复密切相联系。

20世纪80年代初景观生态学才在北美逐渐兴起。美国生态学家R. Forman通过一系列文章介绍了欧洲景观生态学的一些概念，强调景观生态学是着重研究较大尺度上不同生态系统的空间格局和相互关系的学科，提出了“斑块—廊道—基质（patch-corridor-matrix）模式”。与此同时，T. M. Burgess和D. M. Sharpe（1981）编著的《人类主导的景观中的森林岛动态》(*Forest Island Dynamics in Man-Dominated Landscaped*）一书，突出了岛屿生物地理学理论在研究景观镶嵌体中的作用。1983年，在北美伊利诺伊州的Allerton公园召开的景观生态学研讨会，提出了景观生态学应强调空间异质性和尺度，而且对景观生态学的研究内容和方法做了较为系统的阐述。Allerton研讨会成为北美景观生态学发展过程中一个重要的里程碑。

景观生态学在我国虽然起步较晚，但近年来的发展很快。不仅已经有不少介绍景观生态学概念和方法的文章与书籍出现，而且有关城市景观、农业景观、景观模型等方面的研究论文也陆续发表。然而，从总体上看，我国景观生态学尚缺乏系统的、跨尺度的理论和实际研究，博学而笃行的景观生态学人才亟待培养。

6.1.3 景观生态学的研究内容

景观生态学是研究景观单元的类型组成、空间格局及其与生态过程相互作用的综合性学科。强调空间格局、生态过程与尺度之间的相互作用是景观生态学的核心所在。景观生态学的提出填补了生态学组织层次上的空白，成为介于生态系统生态学和全球生态学之间的过渡，对强调生态要素与现象的空间结构和尺度作用具有重要的意义。

景观生态学与生态系统生态学之间的差异可归纳为以下几点：

（1）景观是作为一个异质性系统来定义并进行研究的，空间异质性的发展和维持是景观生态学的研究重点之一；生态系统生态学是将生态系统作为一个相对同质性系统来定义并加以研究的。

（2）景观生态学研究的主要兴趣在于景观镶嵌体的空间格局，而生态系统研究则强调垂直格局，即能量、水分、养分在生态系统垂直断面上的运动与分配。

（3）景观生态系统考虑整个景观中的所有生态系统以及它们之间的相互作用，如能量、养分和物种在景观斑块间的交换。生态系统生态学仅研究分散的岛状系统。一个单元的生态系统在景观水平上可以视为一个相当宽的斑块或是一条狭窄的廊道，或是背景基质。

（4）景观生态学除研究自然系统外，还更多地考虑经营管理状态下的系统，人类活动对景观的影响是其重要的研究课题。

(5) 只有在景观生态学中，一些活动范围大的动物种群（如鸟类和哺乳动物）才能得到合理的研究。

(6) 景观生态学重视地貌过程、干扰以及生态系统间的相互关系，着重研究地貌过程和干扰对景观空间格局的形成和发展所起的作用。

景观生态学的研究对象和内容可以概括为3个基本方面：

(1) 景观结构，即景观组成单元的类型、多样性及其空间关系。

(2) 景观功能，即景观结构与生态学过程的相互作用或景观结构单元之间的相互作用。

(3) 景观动态，即指景观在结构和功能方面随时间推移发生的变化。

景观的结构、功能和动态是相互依赖、相互作用的。这正如其他生态学组织单元（如种群、群落、生态系统）的结构与功能是相辅相成的一样，结构在一定程度上决定功能，而结构的形成和发展又受到功能的影响。

目前，景观生态学研究的重点主要集中在下列几个方面：

(1) 空间异质性或格局的形成和动态及其与生态学过程的相互作用。

(2) 格局—过程—尺度之间的相互作用。

(3) 景观的等级结构和功能特征以及尺度推绎问题。

(4) 人类活动与景观结构、功能的相互关系。

(5) 景观异质性（或多样性）的维持和管理。

综上所述，景观生态学的学科特征可概括如下：

(1) 交叉性景观生态学是地理学和生态学之间的交叉学科，它将地理学“水平方向”上对自然现象区域分异规律的研究与生态学“垂直方向”上对自然现象功能的研究结合起来，具有整体性或综合性特征。

(2) 层次性景观生态学认为景观是由相互作用的生态系统（斑块）组成的，景观在自然等级系统中居于生态系统之上；景观生态学研究景观的结构、功能与动态。

(3) 多样性景观生态学研究的组织水平、对象多样，研究尺度以大尺度为主，研究方法包括建筑、空间统计或地学统计、遥感、地理信息系统等。

(4) 应用性景观生态学强调应用性，在景观规划、土地利用、自然资源的经营与管理、大的动物种群的保护方面发挥着重要的作用。

6.1.4 景观生态学的重要概念

景观生态学中的许多概念来自相邻学科，如空间格局、多样性、异质性（不均匀性）等都是群落生态学中描绘种的分布时所经常使用的概念。

(1) 斑块—廊道—基质模式。无论是在景观生态学还是在景观生态规划中，斑块（path）—廊道（corridor）—基质（matrix）模式都是构成并用来描述景观空间格局的一个基本模式。其概念来自生物地理学（主要是植物地理学）中对不同群落分布形式的描述，并给予更加明确的定义，从而形成的一套专有概念和术语体系。如斑块乃是指在景观的空间比例尺上所能见到的最小异质性单元，即一个具体的生态系统；廊道是指不同于两侧基质的狭长地带，可以看作一个线状或带状斑块，连接度、结点及中断等是反映廊道结构特征的重要指标；基质是指景观中范围广阔、相对同质且连通性最强的背景地域，是一种重要的景观元素。它在很大程度上决定着景观的性质，对景观的动态起着主导作用。

斑块—廊道—基质模式的形成，使得对景观结构、功能和动态的表述更为具体、形象，斑块—廊道—基质模式还有利于考虑景观结构与功能之间的相互关系，比较它们在时间上的变化。然而必须指出，在实际研究中，要确切地区分斑块、廊道和基质往往是很困难的，也是不必要的。广义而言，把所谓基质看作宏观中占绝对主导地位的斑块也未尝不可；另外，因为景观结构单元的划分总是与观察尺度相联系，所以斑块、廊道和基质的区分往往是相对的。例如，某一尺度上的斑块可能成为较小尺度上的基质，也可能是较大尺度上廊道的一部分。

（2）景观结构与景观格局作为一个整体成为一个系统，具有一定的结构和功能，而其结构和功能在外界干扰和其本身自然演替的作用下，呈现出动态的特征。

景观结构（landscape structure），是指景观的组分构成及其空间分布形式。景观结构特征是景观性状最直观的表现方式，也是景观生态学研究的核心内容之一。不同的景观结构是不同动力学发生机制的产物，同时是不同景观功能得以实现的基础。

在景观生态学中，结构与格局是两个既有区别又有联系的概念。比较传统的理解是，景观结构包括景观的空间特征（如景观元素的大小、形状及空间组合等）和非空间特征（如景观元素的类型、面积比率等）两部分内容，而景观格局（landscape pattern）概念一般是指景观组分的空间分布和组合特征。另外，这两个概念均为尺度相关概念，表现为大结构中包含有小的格局，大格局中同样含有小的结构。不过，现阶段许多景观生态学文献往往不再区分景观格局和景观结构之间的概念差异。

景观生态研究通常需要基于大量空间定位信息，在缺乏系统景观发生和发展历史资料记录的情况下，从现有景观结构出发，通过对不同景观结构与功能之间的对应联系进行分析，成为景观生态学研究的主要思路。因此，景观结构分析是景观生态研究的基础。格局、异质性、尺度效应问题是景观结构研究的几个重点领域。

（3）异质性（heterogeneity）。异质性是景观生态学的重要概念，指在一个景观区域中，景观元素类型、组合及属性在空间或时间上的变异程度，是景观区别于其他生命层次的最显著特征。景观生态学研究主要基于地表的异质性信息，而景观以下层次的生态学研究则大多数需要以相对均质性的单元数据为内容。

景观异质性包括时间异质性和空间异质性，更确切地说，是时空耦合异质性。空间异质性反映一定空间层次景观的多样性信息，而时间异质性则反映不同时间尺度景观空间异质性的差异。正是时空两种异质性的交互作用导致了景观系统的演化发展和动态平衡，系统的结构、功能、性质和地位取决于其时间和空间异质性。所以，景观异质性原理不仅是景观生态学的核心理论，也是景观生态规划的方法论基础和核心。

异质性早已被视为生物系统的主要属性之一，它来源于干扰、环境变异和植被的内源演替。而景观生态学则进一步研究空间异质性的维持和发展；人类和动物都需要两种以上景观元素的事实证明了异质性在生物圈中存在的重要性，这对我们理解物种共存、生态位以及对野生动物和昆虫的管理是极其重要的。地球上多种多样的景观是异质性的结果，异质性是景观元素间产生能量流、物质流的原因。

(4) 尺度 (scale)。尺度是景观生态学的另一个重要概念，指研究对象时间和空间的细化水平，任何景观现象和生态过程均具有明显的时间和空间尺度特征。景观生态学研究的重要任务之一，就是了解不同时间、空间水平的尺度信息，弄清研究内容随尺度发生变化的规律性。景观特征通常会随着尺度变化出现显著差异，以景观异质性为例，小尺度上观测到的异质性结构，在较大尺度上可能会作为一种细节被忽略。因此，某一尺度上获得的任何研究结果，不能未经转换就向另一种尺度推广。

不同的分析尺度对于景观结构特征以及研究方法的选择均具有重要影响，虽然在大多数情况下，景观生态学是在与人类活动相适应的相对宏观尺度上描述自然和生物环境的结构，但景观以下的生态系统、群落等小尺度资料对于景观生态学分析仍具有重要的支撑作用。不过，最大限度地追求资料的尺度精细水平同样是一种不可取的做法，因为小尺度的资料虽然可以提供更多的细节信息，但是增加了准确把握景观整体规律的难度。所以，在着手进行一项景观生态问题研究时，确定合适的研究尺度以及相适应的研究方法，是取得合理研究成果的必要保证。

景观尺度效应的实质是不同的尺度水平具有不同的约束体系，属于某一尺度的景观生态过程和性质受制于该尺度特殊的约束体系。不同尺度间约束体系的不可替代性，导致大多数景观尺度规律难以外推。不过，不同等级的系统都是由低一级亚系统构成，不同等级之间存在密切的生态学联系，这种联系也许能使尺度规律外推成为可能。在地理信息系统技术应用日益广泛的今天，由于景观的特征信息可以利用各种图件方便地存储和表达，尺度差异可以直观地利用图像信息的分辨率水平来表示。这就为尺度效应分析提供了良好的技术和资料基础。

6.2 景观要素与景观格局

景观要素 (landscape element)，是指组成景观的最小单元。而普通生态学上的各种生态系统被称作不同的景观单元。景观和景观要素的关系是相对的。实际上通过对生态系统的学习知道生态系统有大小之分，大可达整个生物圈，小可至非常小的水洼地。但景观一般包含着不同生态系统，并强调其组成为异质镶嵌体；而景观要素强调的是均质同一的单元。从这里可以看出，景观要素是景观的基本单元。按照各种景观要素在景观中的地位和形状，可将景观要素分为斑块、廊道、基质 3 种基本类型，它们是组成景观的基本结构单元。

6.2.1 斑块

斑块是指在外貌上与周围地区 (基质) 有所不同，但相对周围环境又具有一定的内部均质性的一块非线形地表区域。具体来讲，斑块包括植物群落、湖泊、草原、农田、居民区等。因而其大小、类型、形状、边界以及内部均质程度都会显现出很大的不同。

斑块性（patchiness）是所有生态学系统的基本属性之一。许多空间格局和生态学过程由相应的斑块性和斑块动态（patch dynamics）来决定。

6.2.1.1 斑块的起源

根据起源的不同，将斑块分为4种类型：干扰斑块、残存斑块、环境资源斑块和引入斑块。除环境资源斑块外，其余3种斑块都由干扰所致。故首先介绍干扰理论。

（1）干扰（disturbance）。干扰是指使生态系统、群落或种群的结构遭到破坏和使资源、基质的有效性或使物理环境发生变化的任何相对离散的事件。自然界中的干扰是普遍发生的，如火灾、火山爆发、洪水、泥石流、病虫害等。干扰的影响是显而易见的，从一定意义上说，干扰是破坏因素，但从总的生物学意义上来说，干扰也是一个建设因素，干扰是维持和促进景观多样性和群落中物种多样性的必要前提。

中等程度的干扰能维持高多样性，这是Connell等提出的中度干扰学说（intermediate disturbance hypothesis），其理由是：①干扰导致先锋种侵入，如干扰频繁，先锋种不能发展到演替中期，使生物多样性较低；②如果干扰间隔时间很长，演替可能发展到顶级，多样性也不高；③中等程度的干扰允许较多的物种入侵和定居，使多样性维持最高水平。

（2）斑块形状。由于环境与人类活动的干扰影响，斑块的形状可谓千姿百态，通常可归纳为圆形、多边形、长条形、环形与半岛形5大类。不同形状的斑块具有明显不同的生态效应。如相同面积的圆形斑块比长条形斑块有更多的内部面积和较少的边缘，而半岛形斑块有利于物种迁移。

6.2.1.2 斑块的类型

（1）干扰斑块（disturbance patch）。即由于局部性干扰，如泥石流、风暴、雪崩、病虫害的爆发以及人类活动干扰所形成的小面积斑块。干扰斑块通常具有高的周转率、持续时间短的特征。在某些特殊的周期性干扰的情形下，干扰斑块也可以长期存在。

（2）残存斑块（remnant patch）。即由于大范围干扰活动，如大范围的森林砍伐、农业活动、森林火灾等造成的局部范围内幸存或残存的自然与半自然生态系统片段。

（3）环境资源斑块（environmental resource patch）。即由于环境条件（如气候、地形、土壤、水分、养分等）在空间上分布不均匀而形成的斑块，如沙漠上的绿洲、河流下游地区的湿地。环境资源斑块通常是比较稳定的。

（4）引入斑块（introduced patch）。即由于人类引入新的植物或人类活动所形成的斑块，如农田、人工林、果园、高尔夫球场以及城市与人类居住点。引入斑块通常由人管理，而且往往对其他斑块与基质有较大的影响。

6.2.1.3 斑块的大小

斑块的大小，有的是客观决定的，有的是主观决定的。主观决定斑块的大小，如进行森林采伐时，对伐区大小及形状的确定；自然保护区大小、城市森林面积大小、城市广场绿地大小等的确定都属这一类。从生物学角度看，斑块大小一方面影响到能量和营养的分配，另一方面影响到物种数量。当前自然保护区建设和生物多样性保护问题，都必须充分考虑好斑块的大小和斑块的密度。从园林景观上看，斑块大小应由景观的结构来决定。

斑块的大小有十分重要的生态学意义。斑块大小不同，其生物量在空间分布上亦往往不同。一个大斑块若分割成两个小斑块时，边缘生境增加，往往使边缘种或常见种丰富度亦增加，但是小斑块内部生境减少，会减小内部种的种群和丰富度。大斑块中的种群比小斑块中的大，因此物种绝灭概率较小；而面积小、质量差的生境斑块中的物种绝灭概率较高。同时，大面积自然植被斑块可保护水体和溪流网络，斑块越大，其生境多样性亦越大，含有更多的物种，能维持大多数内部种的存活，为大多数脊椎动物提供核心生境和避难所，并允许自然干扰体系正常进行。一般而言，斑块越小，越易受到外围环境或基质中各种干扰的影响，而这些干扰影响的程度不仅与斑块的面积有关，还与斑块的形状及其边界特征有关。

6.2.1.4 岛屿生物地理学理论和物种面积关系

1967年，Robert MacArthur和E. O. Wilson提出岛屿生物地理学的定量模型。岛屿生物地理学平衡理论的基本思想是物种的数目代表了物种迁入和灭绝之间的平衡。

生物向岛屿迁入的速率开始时很高；凡能适应散布条件的种类很快到达新生岛屿；随着迁入种数的增加，迁入率下降。此外，每个物种都需要一定的生境条件，岛屿上的资源数量有限，生态位相同的物种必然发生互斥性竞争，导致失败者灭绝；再者，适生于岛屿某种生境的种类不可能维持较大的规模，而较小的种群灭绝的机会较多，因此岛屿上物种灭绝的速率随物种的增加而增加。

得到以下结论：①到达平衡点时，岛屿上的物种数不再随时间变化；②这是一种动态平衡，即死亡种不断地被新迁入种代替；③相同距离条件下，大岛的平衡点的种数比小岛多；④相同面积条件下，近岛平衡点的种数比远岛多。

景观中斑块面积的大小、形状以及数目，对生物多样性和各种生态学过程都有影响。例如，物种数量（S）与生境面积（A）之间的关系常表达为：

$$S = cA^z$$

式中，c 和 z——常数。

应用上述关系式时，必须注意2个重要前提：①所研究生境中物种迁移（immigration）与灭绝（extinction）过程之间达到生态平衡态；②除面积之外，所研究生境的其他环境因素都相似。

6.2.1.5 斑块的形状与生态学效应

（1）斑块的大小、形状效应。最优的景观应该含有几个大型自然植被斑块，基质中分散着一些小型自然植被斑块。一方面，大型自然斑块为许多大型脊椎动物提供核心栖息地和避难所，保护水源和相互沟通的水系网络；另一方面，小型自然植被斑块可以作为物种迁移和再定居的中转站，可以保护分散的稀有种或小生境，提高基质异质性。

（2）关于斑块形状的生态作用，可以通过圆形和长条形斑块分析得出。小斑块都是边缘，大斑块虽然有较大的边缘，但更多的是内部。相同面积时，圆形斑块的内部与边缘效应是与物种多样性有联系的。长条形斑块可起走廊的作用，便于动物移动。

6.2.1.6 边缘效应

边缘效应（edge effect），是指斑块边缘部分由于受外围影响而表现出与斑块中心部分不同的生态学特征的现象。斑块中心部分在气候条件（如光、温度、湿度、风速）、物种组成以及生物地球化学循环方面都可能与其边缘部分不同。许多研究表明，斑块周界部分常常具有较高的物种丰富度和初级生产力。需要较稳定的环境条件才能很好生活的物种，往往集中分布在斑块中心部分，故称为内部种（interior species）。而另一些物种适应多变的环境条件，主要分布在斑块边缘部分，称为边缘种（edge species）。斑块边缘常常是风蚀或水土流失的起始或程度严重之处。然而，有许多物种的分布是介于这二者之间的。当斑块的面积很小时，内部与边缘的分异不复存在，因此整个斑块便会全部为边缘种或对生境不敏感的物种占据。显然，边缘效应是与斑块的大小以及相邻斑块和基质特征密切相关的。

总之，斑块的大小、形状等结构特征对生态系统的生产力、养分循环和水土流失等过程都有重要影响，斑块的数量和格局与景观的多样性即异质性有密切关系。

6.2.2 廊道

廊道是指线性的景观单元，景观中的廊道通常具有通道与阻隔的双重作用，一方面几乎所有的景观都会由廊道分割，另一方面景观要素又被廊道连接在一起，成为功能的整体。

6.2.2.1 廊道的作用与起源

（1）廊道的作用。一般廊道都具有双重性：一方面将景观隔离；另一方面又将景观另外某些不同部分连接起来。这两方面的性质是矛盾的，却集中于一体。不过，区别在于起作用的对象不同。例如，一条铁路可将相距甚远的甲、乙两地连接起来，但如果你要垂直地穿越它，它就成了一个障碍物。

廊道起着运输、保护资源和观赏的作用。如塔克拉玛干沙漠中的胡杨林构成环境资源廊道。城市中的道路主要担负运输及人行功能。廊道的隔离性也就是起保护作用。颐和园昆明湖两侧的长廊，杭州西湖的苏堤都是廊道美学作用的体现。

（2）廊道的起源。廊道的起源和形成与斑块的形成相似。环境资源在景观中呈带状分布，如河流是河道廊道形成的环境基础。人类活动干扰是道路廊道、林带廊道形成的原因。除河流廊道外，其他类型的廊道均在不同程度上与人类活动相关。

6.2.2.2 廊道的类型

在景观中，廊道可以分为以下5种基本类型：

（1）残余廊道（remnant corridor）。当大部分原始植被被清除，只保留一条带状的本地植被时，就形成了残余廊道。残余廊道包括溪流、急坡、铁路和地产边界沿线未被伐除的植被。

（2）干扰廊道（disturbance corridor）。贯穿景观基质中的线状干扰会产生干扰廊道。干扰廊道打断了自然的、相对均质的景观，但也为当地的一些“机会型”动植物提供了重要的干扰生境，或者容纳一些次生演替早期阶段的物种。穿越森林景观的高压线就是一个干扰景观的例子。干扰廊道可能成为某些物种迁移的屏障，但又为另外一些物种提供了扩散的通道。

（3）种植廊道（planted corridor）。种植廊道是指由人类出于经济或生态原因考虑而种植的带状植被。例如，在没有树木的大平原地区种植防护林，用来降低风速。种植廊道也为食虫鸟类和肉食昆虫提供了理想的栖息场所，并为小型哺乳动物提供了扩散通道。

（4）资源廊道（resource corridor）。资源廊道是指景观中长距离延伸到狭窄自然植被带，如沿溪流分布的林带。这些条带不仅可以改善水质，而且可以降低溪流水位的变幅，并能在农业景观镶嵌体中保持自然的生物多样性。

（5）再生廊道（regenerated corridor）。再生廊道源自景观基质中植被的再生。再生廊道的一个很好的实例是沿篱笆自然次生演替成长起来的树篱，鸟类是这种再生廊道中的常见居民，飞行物种通过协助种子的传播，可以改善这类廊道的植物物种组成。

6.2.2.3 廊道的结构特征与生态功能

廊道的结构特征主要表现在廊道的曲度上，即廊道曲折程度、廊道宽度、廊道连通性以及廊道的内环境。廊道在景观生态过程中具有十分重要的作用，不同廊道的生态作用差异较大，如森林廊道是景观内物质、能量流动、动植物迁移扩散的通道；道路廊道则是景观中不同要素物质、能量交流的障碍，或是景观的影响源；河道廊道不仅是物质流动与物种扩散过程的通道，还往往是一些重要物种的栖息地。

6.2.3 基质

基质是景观中面积最大、连通性最好，在景观中起控制作用的景观要素。控制景观动态是基质的最根本特征。基质在景观功能上起着重要的作用，能影响能流、物流、信息流和物种流，如广阔的草原、沙漠，连片分布的森林、农田等。一般来说，斑块和廊道被基质所包围，基质是与斑块和廊道相对应而存在的景观类型。例如，大兴安岭落叶林是大兴安岭森林景观中的基质，其他的即为斑块和廊道。

6.2.3.1 基质的判定标准

（1）相对面积。当景观中某一要素所占的面积比其他要素大得多时，这种要素类型就可能是基质。相对面积的大小决定着基质对整个景观的控制程度。可以用相对面积作为衡量基质的第一标准，通常基质的面积超过现存的任何其他景观要素类型的总面积；或者说，如果某种景观要素占景观面积的50%以上，那它就很可能是基质，如果最大的景观成分在景观中所占面积不及50%，那么在确定基质时附加特征很重要。

（2）连通性。树篱景观中树篱所占面积一般不到总面积的10%，然而由于它的连通性好，人们往往觉得树篱网络就是基质。连通性高的景观具有以下作用：

① 可以起到分隔其他要素的作用，例如一个林带可将两边农田隔离开，在林中设防火林带可将两边森林隔开，这种障碍物可起物理、化学和生物的障碍作用。

② 当以细长条带相交形式连接时，景观要素可起一组廊道的作用，便于物种迁移和基因转换。

③ 可环绕其他景观要素而形成孤立的岛屿。

由于以上效应，当一个景观要素完全连通并将其他要素包围时，则可将它视为基质。

（3）动态控制。以树篱和农田来说，树篱中乔木的果实、种子可被动物或风等媒介传到农田中去，起到物种源的作用，从而使农田在失去人的管理之后，不久就变为森林群落。这就表现出树篱对景观动态的控制作用。又如在森林地区，和原始森林相比，采伐迹地和火烧迹地是不稳定的，它们内部的乔木树种的更新和恢复，要靠周围森林供给种源并给予其他方面的有利影响。所以森林应为基质，而采伐迹地和火烧迹地应为斑块。

动态控制是判别基质的第3条标准，也是最难估计的。具体判别时，首先根据相对面积；依据相对面积难以判别时，使用连通性标准；如果根据上述两个标准还不能确定，则要进行野外调查，以确定哪一种景观要素对景观动态的控制作用更大。

6.2.3.2 景观基质的孔隙度

孔隙度（porosity）是指景观中所含斑块密度的量度，与斑块大小无关，即包括在基质内的单位面积的闭合边界（不接触所研究空间或景观的周界）的数目，与研究对象的尺度和分辨率有关。具有闭合边界的斑块数量越多，基质的孔隙度越高。不管本底中有多少个“孔”，但如基质能相互连通，则称连接完全，否则称为连接不完全。所以孔隙度可能与连通度无关。

孔隙度可指示现有景观中物种的隔离程度和潜在基因变异的可能性，是边缘效应总量的一个指标，对野生动物管理有重要的指导意义，对物流、能流和物种流也有重要影响。低孔隙度可能会抑制斑块间的物种交换，孔隙度小表明景观中有一些偏僻的地区，这对一些动物是至关重要的。高孔隙度对穿越基质的动物可能产生或大或小的影响，这最终取决于斑块和基质间流的性质。如果斑块不适宜生存，或者有捕食者或猎人在斑块内等待动物通过，那么动物在基质内的迁移就会缓慢下来，而且会遇到危险；相反，如果斑块特别容易接近，则能促进动物以跳跃形式穿越景观。景观的孔隙度与动物的觅食也密切相关，因为适宜的斑块密度对动物获得足够食物和供养巢穴中的幼仔是很重要的。

相似斑块间的相互作用程度取决于二者之间的距离远近。对某些类型的流来说，斑块的面积也相当重要。

6.2.4 景观结构

根据Forman的意见，景观结构可分为4大类：①分散的斑块景观；②网状景观；

③交错景观；④棋盘状景观。

（1）分散的斑块景观。在这种景观中，以一种生态系统或一种景观要素作为优势的基质，而以另外一种或多种类型斑块分散在其内。具有绿洲的荒漠、具有片林的农区或牧场可作为这种类型的实例。这种景观类型的关键空间特征有：①基质的相对面积；②斑块大小；③斑块间的距离；④斑块分散性（集聚、规则或随机）。分散的斑块景观对景观的很多特征均有影响。例如，相对面积对基质中某些物质的源区（source）和汇区（sink）功能影响就很大。因此，来自周围地区的热将使湿润的绿洲斑块变得干燥，农区的大量居民将使分散片林中的薪炭材资源日益减少。

（2）网状景观。这种景观的特点是，在景观中相互交叉的廊道占优势。例如，牧场中的树篱网或林网，森林中的集运材道，溪流系统等。这种景观类型的关键空间特征是：①廊道宽度；②连通性；③网的回路；④网格大小；⑤节点大小；⑥节点分布。

这种景观结构对各种基本变量的影响是明显的。在一些地区，粮食生产、土壤的干化和侵蚀都取决于防风林带的宽度和连通性。动物的活动性，无疑受到连通性和回路的影响。洪水和水质取决于溪流走廊和河岸带系统。很多海滨鱼类、营养水平和三角洲的形成，均取决于能够抑制侵蚀的河岸带植被和坡地上水土保持林带。

（3）交错景观。在交错景观里，占优势的有两种景观要素，彼此犬牙交错，但共同具有一个边界。这种景观的实例有：在山区农田和林地的交错分布，沿道路建设的居民区与非建筑区的交互分布。这种景观类型主要空间特征有：①每一要素类型的相对面积；②半岛的多度和方向；③半岛的长度和方向。

半岛的方向显然影响到风的穿入和作物产量，而宽度与生物多样性有关。在这种景观中总的边缘长度可能相当大，这样对边缘种和要求两种生态系统的动物有利。这种景观中相邻两个生态系统的相互作用强烈，例如，农田中的家畜可能会妨碍森林中的天然更新，而森林中的草食动物也会妨碍农田中的农作物。

（4）棋盘状景观。这种景观由相互交错的棋盘状格子组成。人为管理的伐区格局和农田轮作可作为其代表。这种景观类型显著的特征有：①景观粒度的大小（可直接按照组成斑块的平均面积或平均直径测定）；②棋盘格子的规整性；③总的边界长度（或边缘数量）。

景观的粒度大小决定了物种的多度和生物多样性，因为细粒景观包括的边缘种多。棋盘格子的规整性控制着很多客体（如作物授粉者、病害的媒介物和人）的移动和定居。伐区的更新和树木的风倒都与棋盘格子的特点有关。但是，棋盘景观的高度切割性质可减少干旱地区大气尘埃污染和大火的蔓延。

6.2.5 景观格局

景观空间格局（landscape pattern）一般是指大小和形状不一的景观斑块在空间上的配置。景观格局是景观异质性的具体体现，同时又是包括干扰在内的各种生态过程在不同尺度上作用的结果。

景观作为一个整体具有其组成部分所没有的特性，因此，不能把景观单纯地描述为耕地、房屋、河流和牧场的总和。景观镶嵌格局在所有尺度上都存在。并且都是由斑块、廊道和基质构成，即所谓斑块—廊道—基质模式。

景观格局分析的目的是从看似无序的景观斑块镶嵌中，发现潜在的有意义的规律性。如果想更加深入地理解景观格局，最好的方式是把它与一些运动过程和变化联系起来。因为，我们今天看到的格局是过去的景观流形成的。同样，景观格局也影响着各种景观流。通过景观格局的分析，我们希望能确定产生和控制空间格局的因子和机制，比较不同的空间格局及其效应，探讨空间格局的尺度性质等。

6.2.5.1 景观格局类型

Forman 和 Godron（1986）将景观格局分为以下几类：

（1）均匀分布格局，指某一特定类型景观要素间的距离相对一致。

（2）聚集型分布格局，例如，在许多热带农业区，农田多聚集在村庄附近或道路的一端。在丘陵地区，农田往往成片分布，村庄聚集在较大的山谷内。

（3）线状格局，例如，房屋沿公路零散分布或耕地沿河分布的格局形式。

（4）平行格局，如侵蚀活跃地区的平行河流廊道，以及山地景观中沿山脊分布的森林带。

（5）特定组合或空间连接，大多分布在不同类型要素之间。例如，稻田和酸果蔓沼泽总是与河流或渠道并存；道路和高尔夫球场往往与城市或乡村呈正相关空间连接。

考察怎样识别景观中特定构型之前，首先应该确定它的镶嵌度（patchiness）。孔隙度是指某种特定类型的斑块密度。镶嵌度是所有类型斑块密度的一种量度。斑块面积较小的城郊景观比斑块面积大的草原景观具有更高的镶嵌度。

在由若干斑块类型组成的镶嵌体中，一般会有 3 种或更多的景观要素类型相交于某一地点。这些地点可视为掩蔽点或聚集点，分布了多种资源，对野生动物特别重要。除景观要素间的相互作用集中外，聚集点往往位于两个景观要素构成的半岛尖端，是动物迁移和其他物种穿越景观的关键点（漏斗效应）。3 种景观要素极为接近的线状廊道称为聚集线，如草原和农田间的防护林、人工针叶林和阔叶林带的伐木道等。

6.2.5.2 景观对比度

景观对比度（contrast）是指邻近景观单元之间的相异程度。如果相邻景观要素间差异甚大，过渡带窄而清晰，就可认为是高对比度景观，反之，则为低对比度景观。

低对比度往往出现在大面积自然条件相对均一的地带，如热带雨林、温带草原、沙漠等，一般是自然形成的。人为活动会引起景观对比度的增加，如森林砍伐、城乡建设、铺路筑桥等。但有些人类活动也会造成景观对比度的降低，如在三角洲地区和平原地区，人为的农业活动影响，地貌单一，景观的对比度相对较低。

高对比度可由自然机制造成，一个常见的例子是由水热条件不同引起的山地植被带的垂直分布。再就是在土壤条件对优势植物或动物种的分布起控制作用的地区，例如在西伯利亚和斯堪的纳维亚地区，泥炭地和森林间的明显界线都是自然形成的。景观的对比度也存在季节上的差异，尤其在季节分明的地区。景观对比度高低只是描述景观外貌特征的一个指标，其高低大小无绝对的优劣之分。有些动物在选择栖息地时，往往对景观对比度的高低有一定的喜好，因此在涉及物种多样性时，应注意对个别物种生境的保护，在了解受保护物种的行为特点之前，不要轻易地人为改变其景观的对比度。

6.2.5.3 景观连通性和连接度

景观连通性（connectedness）是指景观元素在空间结构上的联系，而景观连接度（connectivity）是景观中各元素在功能上和生态过程上的联系。

景观连通性可从下述几个方面得到反映：斑块的大小、形状、同类型斑块之间的距离、廊道存在与否、不同类型树篱之间相交的频率和由树篱组成的网络单元的大小。

可以认为景观连接度是研究同类斑块之间或异质斑块之间在功能和生态过程上的有机联系，这种联系可能是生物群体之间的物种交换，也可以是景观元素间物质、能量的交换和迁移。景观连接度的影响因素有多个方面，不仅和景观的空间结构有密切的关系，而且与研究的生态过程和研究对象相关。主要表现在以下几个方面：①组成景观的元素和空间分布格局。功能和结构具有密不可分的联系，不同的结构将决定不同的功能，因而研究景观连接度必须研究景观元素的空间分布格局，斑块的大小、形状、同类斑块之间的距离、宽度、形状、长度都将影响景观连接度的水平。②研究的生态过程。不同的生态过程，运动变化的机理不同。景观中物种迁移、能量流动均有各自的规律，同一类型的景观结构，由于研究的生态过程不同，其机理不同，斑块之间的景观连接度水平将有较大差异。③研究的对象和目的。对于生物群体而言，不同的生物种，同一景观结构，其景观连接度将会不同。如陆生生物与水生生物之间，陆地生物和水禽之间，由于各自适应的环境条件不同，在同一种景观元素中将会有不同的适应能力，因而具有的景观连接度将有较大的差异。

具有较高的连通性不一定有较高的连接度；连通性较差的景观，景观连接度也不一定较小。Mcdonnell 和 Stiles（1983）以鸟类说明了连通性和连接度的这种关系，尽管不同鸟类栖息地在景观中不存在廊道连通，但鸟类可以飞越较长距离，到达其他同类斑块，对于鸟类来说，只要斑块之间的距离限定在其可以飞越的距离之内，仍具有较好的景观连接度。又如连通性较好的道路网，在物质和能量的传输交换上，将起到积极的作用，对于物质传输和能量交换，具有较高的连接度，但对物种栖息地之间的物种迁徙、交换起到阻挡作用，具有较差的景观连接度。许多研究表明，景观连接度对于破碎景观（如人类活动强烈的农业景观地区）中动物栖息地和物种保护具有重要意义。在不同景观类型区，应针对不同的被保护对象，通过景观连接度分析，选择廊道建立的数目、宽度、物质组成和空间的排列方式，或通过景观连接度分析、研究物种“暂栖地”的建立，对于物种在景观中的迁徙、繁殖和栖息起到重要作用。

6.2.5.4 景观粒度

景观粒度（landscape grain）有粗粒（coarse grain）和细粒（fine grain）景观之分。粗粒和细粒是相对而言的，依据观察尺度的不同，对粗粒和细粒景观也就有不同的定义。如在大兴安岭林区，尤其是人工林集中的地方，可以认为是细粒景观，而在武夷山的山顶，分布着草甸、苔藓、矮曲林等自然植被，就可以认为是粗粒景观。又如三江平原，集中分布大面积的湿地、水田，也可以认为是细粒景观，而在城乡交接带，则是城市用地与各种类型的农业用地交错分布，就称得上粗粒景观了。这时观察的尺度在几公顷到上百公顷之间。

景观镶嵌体的粒度可以用现存所有斑块的平均直径来量度。粗粒结构景观多样性高，但局部地点的多样性却低，当然边界附近例外。这样的景观结构可以为保护水源或内部特有物种提供大型自然斑块，却不利于多生境物种的生存，因为需要移动很长的距离才能实现从一种生境到另一种生境的转移。相比之下，细粒景观有利于多生境物种的生存，但不利于要求大斑块的内部特有物种生存。细粒景观整体单调（景观的每一部分都大致相同），但局部多样性高（相邻点的异质性高）。

6.3 景观的功能

6.3.1 斑块的功能

斑块的类型、大小、形状和动态都能对植物多样性产生影响。一般认为要阻止生物多样性丧失，只有建立大面积的自然保护区，Leigh 等（1993）在巴拿马运河由于泄洪产生的岛屿状森林群落研究中发现，6 个岛屿内的植物多样性明显低于连续的森林斑块。

6.3.2 廊道的功能

几乎所有的景观都为廊道所分割，同时又被廊道联系在一起。廊道的功能主要体现在 4 个方面：①某些物种的栖息地，某些物种以廊道作为栖息地，而很少出现在基质中；②物种迁移通道，如河流是许多鱼类和其他水生动物的迁移通道，树篱可以为鸟类传布植物种子和中小型动物穿越斑块提供通道；③分隔地区的屏障和过滤器，如抵挡自然灾害或外来物种的入侵，与梯田平行的植被对水土流失的控制作用等；④影响周围基质的环境和生物源，如农田林网的防风、改善气候等方面的作用。

廊道的功能不仅体现在物种上，还体现在能量和矿物质的流动上。如经过廊道的影响，土壤或水域中的养分含量会有明显的差异。

6.3.3 基质的功能

基质的功能主要通过其连接起作用。在没有屏障存在时，意味着基质连接度较高。这时，热量、尘埃和风播种子、花粉可以以相对均匀的层流形式在基质上空运动，动物、害虫、火可以迅速蔓延。因此，在基质连接度较高的地方，物种具有较高的迁移速率，遗传变异和种群差别相对较小。基质异质性的变化可能造成生境斑块的“岛屿化”效应，进而影响斑块间物种的迁移，引起植物种群波动和多样性变化。

6.3.4 网络的功能

在许多景观中，网络分布广泛，而且相互重叠，类型繁多，在景观生态学及其应用中有重要意义。

节点是网络中廊道的交接区，是流动物体的源和汇，如水坑是干旱区动物迁移路径的节点。廊道或道路常与节点相连，网络实际上是由一系列相互连接的廊道所构成的。节点通常可以起到中继点的作用，通过中继点，可能扩大或加速物流；可以降低流中的“噪声”或“不相关性”；可以提供临时储存地。如不同大小的湖泊可以提供水鸟的食物、淘汰弱鸟和让鸟类聚集越冬。

6.4 景观生态学的研究方法

6.4.1 遥感技术

遥感（remote sensing）是指通过任何不接触被观测物体的手段来获取信息的过程和方法，包括航空照片、卫星影像、热红外图像（thermal imagery）等。近年来，卫星遥感数据已成为研究区域景观单元分布状况的重要资料来源。大量的研究工作，如景观变化、景观结构、景观破碎化等，都是首先基于对卫星遥感数据资料的分析处理。没有遥感技术，很难想象如何才能有效地研究大尺度和跨尺度上的景观现象。

遥感可以为景观生态学提供哪些有用的信息呢？最常用的包括植被类型及其分布，植被类型内部斑块（包括个体植物）的空间分布，土地利用类型及其面积，生物量分布，土壤类型及其水分特征，群落蒸发蒸腾，叶面积指数以及叶绿素含量等。例如，最常用的卫星遥感资料来源之一，美国1972年发射的陆地卫星的TM（landsat thematic mapper）影像，包括7个波段，每个波段的信息反映了不同的生态学特点。不同波段的信息还可以以某种形式组合起来，更好地反映某些地面生态学特征。

近年来，多种植被指数已广泛地应用在生物量估测、资源调查、植被动态监测、景观结构和功能以及全球变化的研究中。

简而言之，遥感资料在景观生态学中的应用可以归纳为3类：①植被和土地利用分类；②生态系统和景观特征的定量化（如植被的结构特征、生境特征以及生物量，或干扰的范围、严重程度及频率）；③景观动态以及生态系统管理方面的研究（如土地利用在空间和时间上的变化，植被动态等）。

6.4.2 数量方法

景观格局指数包括两个部分，即景观单元特征指数和景观异质性指数。景观单元特征指数是指用于描述斑块面积、斑块周长和斑块数等特征的指标；景观异质性指数包括多样性指数、镶嵌度指数、距离指数和景观破碎化指数 4 类。

6.4.2.1 景观单元特征指数

（1）斑块面积。从图形上直接量算，整个景观和单一类型的最大和最小斑块面积分别具有不同的生态意义。

① 斑块平均面积。

整个景观的斑块平均面积=斑块总面积/斑块总数；单一景观类型的斑块平均面积=类型的斑块总面积/类型的斑块总数量；用于描述景观粒度，在一定意义上解释景观破碎化的程度。

② 斑块面积的统计分布。研究斑块面积大小符合哪种数理统计分布规律，不同的数理统计分布规律揭示出不同的生态特征。

③ 斑块面积的方差。通过方差分析，解释斑块面积分布的均匀性程度。

④ 景观相似性指数。类型面积/景观总面积。度量单一类型与景观整体的相似性程度。

⑤ 最大斑块指数景观=最大斑块面积/景观总面积；类型=类型的最大斑块面积/类型总面积。显示最大斑块对整个类型或者景观的影响程度。

（2）斑块周长。

① 斑块周长是景观斑块的重要参数之一，反映了各种扩散过程（能流、物流和物种流）的可能性。

② 边界密度。整个景观=景观总周长/景观总面积；类型=类型周长/类型面积。解释了景观或类型被边界的分割程度，是景观破碎化程度的直接反映。

③ 内缘比例。斑块周长/斑块面积。显示斑块边缘效应强度。

6.4.2.2 景观异质性指数

景观异质性指数可用来描述斑块镶嵌体或整个景观的结构特征。这里只介绍较常用的几个：相对丰富度指数（relative richness index）、多样性指数（diversity index）、优势度指数（dominance index）、均匀度指数（evenness index）、聚集度指数（contagion inflex）和空间自相关指数（spatial autocorrelation index）。其中，丰富度指数、多样性指数、均匀度指数和优势度指数已经在种群和群落生态学中广泛采用。下面只对几个常用的景观指数做详细介绍。

（1）景观相对丰富度指数。

（2）景观多样性指数。

（3）景观聚集度指数。

聚集度指数反映景观中不同斑块类型的非随机性或聚集程度。与多样性和均匀度指数不同，聚集度指数明确考虑斑块类型之间的相邻关系，因此能够反映景观组分的空间配置特征。例如，聚集度取值小时，景观多由许多小斑块组成，具有较大的随机特征；而当其值较大时，景观则表现出斑块聚集而形成少数大斑块的趋势。

6.5 景观生态学的应用

景观生态学的发展从一开始就与土地规划、管理和恢复、森林管理、农业生产实践、自然保护等实际问题密切联系。自 20 世纪 80 年代以来，随着景观生态学概念、理论和方法的不断扩展和完善，其应用也越来越广泛。其中最突出的包括在自然保护、土地利用规划、保育生物学、景观规划、自然资源管理等方面的应用。传统的生态学思想强调生态学系统的平衡态、稳定性、均质性、确定性以及可预测性。这一自然均衡范式在自然保护和资源管理的应用中长期以来占有重要的地位。但是，生态学系统并非处在“均衡”状态，时间上和空间上的斑块性或异质性才是它们的普遍特征，不断增加的人为干扰使这些特征愈为突出。因此，强调多尺度空间格局和生态学过程相互作用以及等级结构与功能的景观生态学观点，为解决实际中环境和生态学问题提供了一个更合理、更有效的概念构架。

6.5.1 生态系统管理

景观生态学观点在生态系统管理中也受到广泛重视。生态系统管理的目的是保护异质景观中的物种和自然生态系统，维持正常的生态学和进化过程，合理利用自然资源，从而保证生态系统的持续性。生态系统管理的中心思想为以下几点：

（1）管理的注意力应放在粗尺度的景观层次上，不能放在单个生态系统类型上。

（2）不仅考虑商业性产品，而且考虑多种生态系统商品、服务和价值。

（3）生态系统的价值不仅包括自然价值，而且包括经济的、社会的和文化的价值。

（4）对公有商品做出决策时，必须有公众的参与。

（5）采用适应性管理。

（6）由于景观不同部分之间的不可分割的联系，管理要考虑系统内外多方面的影响。

6.5.2 土地利用规划

景观生态学作为一门学科，与景观和城市规划及设计之间具有紧密的关联。其核心目标之一，在于深入剖析空间结构对生态学过程所产生的深远影响。在当今社会，现代景观和城市规划与设计愈发注重人类活动与自然环境的和谐共生，自然保护理念在这些领域中正逐渐占据举足轻重的地位。

鉴于此，景观生态学在土地规划与设计的实践中发挥着至关重要的作用。它不仅能够为相关领域提供坚实的理论基础，还有助于评估和预测规划与设计方案可能带来的生态学影响。同时，通过实施规划与设计的景观项目，我们得以对景观生态学中的相关理论和假设进行实证检验，从而推动学科的不断发展和完善。景观生态学为规划与设计领域提供了一系列丰富的方法、工具和资料支持。其中，格局分析和空间模型方法结合遥感技术的运用，显著提升了景观和城市规划与设计的科学性和可行性。这种跨学科的合作与互补，无疑为现代城市与自然的和谐共生提供了有力的支撑。

6.5.3 城市景观生态建设

城市是典型的人工景观，在空间结构上属于紧密汇聚型，斑块组成大集中、小分散；

在功能上城市景观表现为高能流、高容量、信息流的辐射传播以及文化上的多样性；在景观变化的速率上，城市景观变化快速。对于城市而言，其景观生态建设应注意将自然引入城市，使文化融入建筑，实现多元汇聚、便捷沟通、高密高流、绿在其中。

城市绿地是城市景观的重要组成部分，应用景观生态学的理论和方法对城市绿地景观格局进行分析评价，进而做出景观生态规划，是研究城市绿地问题的一条新途径。它不仅完善和补充了城市绿地规划理论和方法，而且为营造合理的城市绿地空间分布格局、创造优美的城市生活提供了科学依据。

6.5.4 自然保护区规划

景观生态学的兴起给自然保护区的设计带来了新思想、新理论和新方法。景观生态学强调系统的等级结构、空间异质性、时空尺度效应、干扰作用、人类对景观的影响及景观管理，许多理论和学说可直接应用于自然保护区的类型划分、区划、研究和管理之中。

6.5.4.1 自然保护区选址原则

保护区面积越大，其保护生物多样性和生态系统的作用越大。但是考虑到人口众多和土地资源贫乏的经济发展现状，兼顾长远利益与眼前利益，自然保护区只能限于一定的面积，因此保护区面积的适宜性是很重要的。保护区的面积应根据保护对象和目的而定，应以物种—面积关系、生态系统的物种多样性与稳定性以及岛屿生物地理学为理论基础来确定保护区的面积。考虑到保护区的边缘效应，狭长形的保护区不如圆形的好，所以保护区的最佳形状是圆形。

6.5.4.2 自然保护区网与生境走廊建设

自然保护区的规划建设仅考虑单个保护区是不可取的，应该在更大范围内采用节点—网络—模块—廊道模式来考虑与设计自然保护区网。人类活动所导致的生境破碎化是生物多样性面临的最大威胁，通过生境走廊的保护与建设可将保护区之间或与其他隔离生境相连。生境走廊作为适应生物移动的通道，把不同地方的保护区连成了大范围的保护区网。

（1）廊道的数目。廊道数目的规划，除了要考虑相邻斑块的利用类型，还要考虑经济的可行性和社会的可接受性。因为廊道有利于物种的空间运动和本来是孤立的斑块内物种的生存和延续，从这个意义上讲，多一条廊道，斑块的内物种就增加了一个迁移或临时的避难所，减少了被截流和分割的危险。

（2）廊道构成。相邻斑块利用类型不同，廊道构成也不同。连接保护区的廊道最好由乡土植物种类组成，并与作为保护对象的残遗斑块近似。

（3）廊道宽度。根据规划的目的和区域的具体情况，来确定适宜的廊道宽度。

（4）廊道形状。目前，生态学家对斑块内的物种如何在景观中迁移，是沿直线的、曲线的，还是沿自由路径，知之甚少。此项研究需对特定物种进行长期的定位观测，对廊道形状的规划有待进一步的深入研究。

第7章 地球上的主要生态系统类型

7.1 海洋生态系统

7.1.1 海洋环境特征

7.1.1.1 海洋生态系统概况

海洋的面积约为3.61亿km^2，约占地球表面的71%，平均深度是3 751 m，现在已知的最大深度是11 036 m（太平洋），含盐量平均在3%，但含盐量随地形和深度会有所变化。中国海域地跨温带、亚热带、热带3个气候带，包括渤海、黄海、东海、南海、台湾以东太平洋地区五大海域，海岸线总长度为32 000 km，岛屿有7 600余个，海域面积达470万km^2。

海洋中生活条件特殊，生物种类的成分与陆地生物截然不同。海洋生态系统中的植物以孢子植物为主，主要是各种藻类。由于水生环境的均一性，海洋植物的生态类型比较简单，群落结构也较单一。多数海洋植物是浮游或漂浮的，但也有一些是固着于水底，或附生在其他生物上的。就数量而言，海洋中的动物以浮游动物为主，个体小（2~25 mm），数量巨大；消费者活动空间大；生产者与初级消费者之间物质循环效率高。

海洋鱼类是人类的一项重要资源。目前，全世界年捕获量约为7.6×10^6 t。但海洋生物的生产力大大低于陆地生态系统，海洋的平均生产力约为陆地的1/5。

7.1.1.2 海洋生态系统分类

海洋生态系统从海岸到远洋，从表层到深层，随着水层的深度、温度、光照和营养物质状况不同，生物的种类、活动能力和生产力水平等差异很大，从而形成不同区域的亚系统，不同亚系统中的生物群落各异。

沿岸带（或潮间带）就是与陆地相连的区域，是海陆之间的群落交错区，水深一般不超过 100 m，面积约是海洋总面积的 2.5%，其特点是有周期性的潮汐。这个地带接受陆地输入的大量营养物质，故养分丰富，生产力高，但也是最易受陆地污染物污染的地带。水体的光照条件比较好，水温和盐度变化大，地形、地质复杂多样。主要生产者是许多固着生长的大型多细胞藻类植物，如大叶红藻、绿藻、棕藻等。消费者是以固着生长的大型植物的海洋动物和滤食性动物，如滨螺、牡蛎、蟹等。该区域也是迁徙水鸟的重要栖息地。

浅海带位于水深 200 m 以内的大陆架部分，这里接受河流带来的大量有机物，光线充足，温度适宜，栖息着大量生物，是海洋生命最活跃的地带。浅海带的主要生产者是大量藻类植物，包括马尾藻、石莼、鼠尾藻、裙带菜、羊栖菜等群丛。初级消费者为摄食浮游植物的浮游动物，它与浮游植物一起，为大量的海洋动物如虾、海鸥等提供食物。

远洋带是指水深在 200 m 以上的远洋海区，它是海洋生态系统的主体，约占海洋总面积的 90%。这一带按深度不同可分为远洋表层带、中层带和深海带，还包括上涌带和珊瑚礁。上涌带可以将许多矿物质带到浅海带或远洋表层，常见的是群生硅藻形成大的胶团和长丝状体，许多滤食性鱼类直接取食这些浮游植物。区域内营养物质丰富，为渔场的形成提供了基础，这些在我国主要分布于台湾浅滩和东岸、浙江沿海、粤东沿海、海南岛东岸等地区。远洋表层带光照充足，水温较高，生活着很多小型的、单细胞的浮游藻类和浮游动物，许多鱼类（如金枪鱼、飞鱼、鳖鱼等）都生活在这一带。随着深度的增加，光线减弱，水层压力加大，生产者不能生存，消费者依靠大量碎屑食物和上层生物为生，多为肉食者。典型的食物链是：极小浮游生物→小浮游动物→大浮游动物→鱼→大型食肉类。

珊瑚礁是热带、亚热带海域出现的石灰质岩礁，由珊瑚分泌的石灰物质和遗骸组成，有数万种动植物以此为栖息地，形成了复杂的生态系统。我国的珊瑚礁主要包括鹿角珊瑚、蔷薇珊瑚、滨珊瑚、角孔珊瑚、牡丹珊瑚、蜂巢珊瑚等类型，分布于我国东海南部和南海诸岛地区。

海洋和大气不断进行热量和气体的交换。气候系统在不同的时间尺度上自然变动，而人类活动则会干扰自然变动，导致海洋生态系统发生一系列物理、化学和生物的连锁反应，使海洋生态系统的平衡遭到破坏。例如，全球变暖导致的海水暖化会改变海洋环流，减少海冰面积，加剧海水层化，影响海洋生物的生长与代谢等；海洋酸化会影响光合作用、固氮作用及钙化生物的钙化作用等关键的生物生理过程，引起物种间相互作用的时空变化，改变群落组成的结构等；富营养化会导致藻华暴发与缺氧区扩增，继而导致海洋生物群落发生演替，某些底栖生物种类减少等。这些变化将综合影响海洋生态。

7.1.2 河口生态系统

7.1.2.1 河口环境特征

河口生态系统（estuary ecosystem）是指河口水层区与底栖带所有生物与其环境进行物质交换和能量传递所形成的统一整体。

河口是河流与受水体的结合地段，受水体可能是海洋、湖泊，甚至是更大的河流，但河口生态在此仅指入海河口的生态。入海河口是一个半封闭的沿岸水体，同海洋自由连通，在其中河水与海水交混。潮汐的涨落和河水的洪枯使河口水流处于经常的动荡中，而河口特性影响着河流终段和近海水域，所以河口区的范围很大。河口包括以河流特性为主的进口段，以海洋特性为主的口外海滨段，和两种特性相互影响的河口段。河口水体中水动力、盐度、泥沙含量等特点给河口生物带来特殊的负荷。而人类在河口区的频繁活动，包括交通、贸易、水产等都在影响着河口生态；河水中汇集了大量陆源污染物，更直接威胁着河口生物的生存和繁殖。研究河口生态的一个目的便是更好地开发河口生物资源。

7.1.2.2 河口有机物质的循环

河口有来自陆地淡水或由海水带来的大量碎屑，细菌和其他异养性的微生物将它们分解成为溶解的或颗粒的有机物质，然后这些物质可被植物利用。滤食性动物过滤微生物或植物，肉食性动物又吞食这些滤食性动物，这就构成了河口有机物质的循环。

7.1.2.3 河口生物的分布

河口生物一般都能忍受温度的剧烈变化。但是在盐度适应方面存在较大的差异，这影响它们在河口区的分布。河口生物可划分为：①贫盐性种类，适应在 5.0 的盐度以下生活，因此仅见于河口内段，接近正常淡水环境。②低盐度种类，适应在 15.0~32.0 的盐度下生活。如盐沼红树林、浅水海草群落、偏顶蛤、蓝蛤、火腿许水蚤等软体动物和甲壳动物。③广盐性海洋种，适应在 26.0~34.0 的盐度下生活，适应幅度较大，可分布在河口，也可见于外海。④狭盐性海洋种，适应在 33.0~34.5 的盐度下生活。随着外海高盐水的入侵，偶见于河口区或季节性地分布到河口。

7.1.2.4 河口生物对水温变化的适应

河口水温随纬度而异。适应低温生活的种类，在高温季节种群数量最低，甚至以休眠或包囊形式度过不利条件。反之，适应高温生活的种类在低温季节常产休眠卵，以度过不良环境。因此，河口一些生物类群表现出季节性更替现象。

7.1.2.5 河口生物对渗透压调节的适应

由于河口是淡水和海水交汇区域，一些上溯入河川营生殖洄游的鱼类，如鲑、鳟、银鱼、刀鲚等，一些下降入海营生殖洄游的动物，如中华绒螯蟹、日本鳗鲡等，以及在河口区营生殖洄游和索饵洄游的动物，如梭鲻鱼类、鳉鱼、江豚、白海豚，它们进入河口区后，不论将这儿作为通道还是活动区域，都需要做短暂的停留，调节个体渗透压，以适应河口、下海或入河的环境。

7.1.2.6 河口群落和生产力

河口生物群落的主要特点是种的多样性低，单个种群或数个种群的丰度大。虽然河口拥有大量营养盐类，但由于透明度低、浮游植物光合作用的效能受影响，致使河口营养物质未能充分利用，所以浮游植物高产量区常出现在河口外区。河口含有大量有机碎屑，为食碎屑的动物或滤食动物提供了丰富的食源。在河口，种间竞争不强烈，但滤食性或草食性动物大量发展，因此形成了相当高的次级产量。

7.1.2.7 河口污染

由于河流承受城市工业排放的污染，污染严重时河口生物常受损害，例如氮的排放可形成河口高度富营养水，促使一些鞭毛虫类和硅藻过度繁殖造成河口赤潮现象，直接危害河口贝类、鱼类等。一些重金属离子和农药也常在河口养殖对象体内富集。

7.1.3 红树林生态系统

红树林生态系统一般包括红树林、滩涂和基围鱼塘三部分。一般由藻类、红树植物和半红树植物、伴生植物、动物、微生物等因子以及阳光、水分、土壤等非生物因子所构成。分解者种类和数量均较少，且以厌氧微生物为主，有机体残体分解不完全。截至 2020 年，全球红树林斑块约有 33.7 万个，其中 95%以上斑块的面积小于 1 km^2。

7.1.3.1 红树林的环境特征

红树林生长环境特点是：红树林一般是生长在热带、亚热带的海岸湿地带的上部，为常绿灌木和乔木构成的湿地木本生物群落。

由于海水环境条件特殊，红树林植物具有一系列特殊的生态和生理特征。为了防止海浪冲击，红树林植物的主干一般不会无限增长，而从枝干上长出多数支持根，扎入泥滩里以保持植株的稳定。

与此同时，从根部长出许多指状的气生根露出于海滩地面，在退潮时甚至潮水淹没时用以通气，故称呼吸根。红树林的分布受地形地貌、潮位、海水盐度、气温和海浪等因素影响。总体上，它们喜欢风浪较小的隐蔽环境，在河口、内湾平缓的泥质滩涂，常常会见到它们的身影。

7.1.3.2 红树林的生物组成及其适应性

（1）红树林植物。红树林植物是能忍受海水盐度生长的木本挺水植物。主要种类为红树科的木榄、海莲、红海榄、红树茄，还有海桑科的海桑、杯萼海桑，马鞭草科的白骨壤，紫金牛科的桐花等。

（2）红树林植物的适应性。红树林植物很少有深扎和持久的直根，而是适应潮间带淤泥和缺氧以及风浪，形成各种适应的根系（常见的有表面根、板状根或支柱根、气生根、呼吸根等）。

表面根是指蔓布于地表的网状根系，可以相当长时间暴露于大气中，获得充足的氧气。桐花树、海漆的表面根发达。

板状根或支柱根是指由茎基板状根或树干伸出的拱形根系，能增强植株机械支持作用。秋茄、银叶树等有板状根，红海榄有支柱根。

气生根是指从树干或树冠下部分支产生的，悬吊于枝下而不抵达地面，因而区别于支柱根。红树属和白骨壤属的一些种有典型的气生根。

呼吸根是指红树林植物从根系中分生出向上伸出地表的根系，富有气道，是适应缺氧环境的通气根系。呼吸根有多种形状，白骨壤为指状呼吸根，木榄为膝状呼吸根，海桑则有笋状呼吸根。

胎生。不少红树林植物在成熟果实仍然留在母树上时，种子即在果实内发芽，伸出一个棒状或纺锤状的胚轴悬挂在树上，到一定时候，幼苗下落插入松软的泥滩土壤中，或随水远播。

旱生结构与抗盐适应。由于热带海岸地区云量大、气温高、海水盐度也高，所以红树林实际处于生理干旱环境中。红树林从多方面对这种生境进行适应。

7.1.3.3 红树林植物群落分布和演替

红树林主要分布在潮间带，其群落结构（或群落演替发育）呈现与环境特征相适应的平行于海岸的带状特征。

（1）低潮泥滩带是指小潮低潮平均水面线至大潮低潮最低水面线之间的地带。大潮时，海水能淹没此带内全部植物；小潮时，海水仍淹没植物树干基部，海水和地质盐度较高。所以，此带内生长的是能适应这种恶劣条件的物种，换言之，此带的生物群落为红树林发育早期群落。

（2）中潮带是指小潮低潮平均水面线至小潮高潮平均水面线之间的地带。该带宽度从几十米至几千米不等，退潮时地面暴露，涨潮时树干被淹没一半左右，盐度在 1.0%～2.5%，是典型的红树生境。因此，大部分红树林植物在此带生长繁殖，或者说，此带的生物群落为红树林繁盛群落。

（3）高潮带是指小潮高潮平均水面线至大潮高潮最高水面线之间的地带。这是红树林带和陆岸过渡的地带，土壤经常暴露，表面比较硬实，土壤盐度因受降雨等淡水冲洗而较低，生境条件已非典型。所以，只有部分红树林植物可以在此带生长，或者说，此带的生物群落为红树林衰退群落。

7.2 淡水生态系统

7.2.1 湿地生态系统

湿地生态系统（wetland ecosystem）是分布于陆生生态系统和水生生态系统之间具有独特水文、土壤、植被与生物特征的生态系统，是自然界最富生物多样性的生态景观和人类最重要的生存环境之一。湿地是地球上生产力最高的生态系统。从生态学观点看，湿地是水域和陆地相交错而成的一类独特的生态系统，兼有水体生态系统和陆地生态系统两种特征，与人类的生存、繁衍、发展息息相关，具有非常重要的生态功能，在抵御洪水、减缓径流、蓄洪防旱、降解污染、调节气候、美化环境和维护区域生态平衡等方面有其他系统所不能替代的作用，被誉为“地球之肾”“生命的摇篮”“文明的发源地”和“物种的基因库因”，而在世界自然保护大纲中，湿地与森林、海洋一起并列为全球3大生态系统。

1971年，湿地公约对湿地的定义是国际公认的一种广义的定义，即“湿地（wetland）是指不论其为天然或人工、长久或暂时性的沼泽地、泥炭地或水域地带，静止或流动的淡水、半咸水、咸水水体，包括低潮时水深不超过6 m的水域”。这个定义包括海岸地带的珊瑚滩和海草床、滩涂、红树林、河口、河流、淡水沼泽、沼泽森林、湖泊、盐沼及盐湖。这一定义包括了整个江（河）流域，对于保护和管理都有明显的优点，因为土地利用计划是针对整个集水区或流域的，而整个流域从上游到下游是连在一起的，所以上游地区任何土地利用方式的变化都将影响下游地区。因此，提出这一广义的湿地定义，有助于从系统的角度确保对集水区所有水资源的良好管理。

7.2.1.1 湿地环境

湿地广泛分布在世界各地，是地球上生物多样性丰富和生产力较高的生态系统，常被称为“景观之肾”或“自然之肾”。因为湿地在蓄洪防旱、调节气候、控制土壤侵蚀、促淤造陆、降解环境污染物等方面具有极其重要的作用，在地球水分和化学物质循环过程中所表现出的功能是不可替代的。

据统计，全世界共有湿地8 558×10^6 km^2，约占陆地总面积的6.4%（不包括海滨湿地）；据林业局湿地公约履约办公室提供的资料（2000年2月），中国的天然湿地和人工湿地总面积在6 000×10^4 hm^2以上。

湿地是一个较独立的生态系统，同时与周围其他生态系统相互联系、相互作用，发生物质和能量交换，有其自身地形或发展和演化规律。从起源来看，湿地可分为3种：水体湿地化、陆地湿地化和海岸带湿地化。水体湿地化包括湖泊湿地化、河流湿地化、水库湿地化等；陆地湿地化包括森林湿地化、草甸湿地化、冻土湿地化等；海岸带湿地化则包括三角洲湿地、潮间带湿地、海岸潟湖湿地和平原海岸湿地。以下讨论淡水湿地和滨海湿地的几种主要生态系统类型。

淡水湖泊生态系统（水库是一种人工湖泊）很少有孤立的水体，一般与河流相连，受河水补给或补给河水。我国各地湖泊水量差别很大，受纬度和海拔高度等因素影响。我国的湖泊每年从10月中旬—12月中、下旬，自北向南出现冰情，但北纬28°以南为不冻湖。我国淡水湖泊一般为重碳酸钙质水，矿化度在150~500 mg/L。

淡水沼泽生态系统地表常年过湿，或有薄层积水，有些还有小河、小湖和泥炭。沼泽在形成和发育过程中产生泥炭，又称草炭。我国沼泽分布广泛，从寒温带到热带乃至青藏高原均有发育，因此沼泽自然环境条件差异很大。

7.2.1.2 湿地生物群落

湿地生物多样性丰富，还是重要动植物物种完成生命过程的重要生境。例如，湖南省东洞庭湖湿地自然保护区，面积19×10^4 hm^2，水生植物生长繁茂，已记录131种水生植物，经济鱼类100余种，有中华鲟、白鲟、白鳍豚、江豚等珍稀濒危物种，这里也是迁徙水禽极其重要的越冬地，已记录到鸟类120类。美国湿地面积不足其陆地面积的5%，但是联邦政府所列濒危物种的43%依赖着湿地。

湖泊湿地以高等湿生植物为主要初级生产者，因而具有较高的生产力，并为消费者——鱼类和其他水生动物提供了丰富的饵料和优越的栖息条件。如江西省鄱阳湖有湿地植物种类38科、102种，地面高程由高到低分布着芦苇、苔草群落、水毛茛和蓼子草群落以及水生植物群落；消费者有鱼类21科、122种，其中鲤科鱼约占50%；鸟类280种，属国家一级保护动物的有白头鹤、大鸨等10种，属二级保护动物的有40种。

沼泽生态系统的生产者为沼泽植物，最多的科是莎草科、禾本科，其次为毛茛科、灯芯草科、杜鹃花科等约90科，包括乔木、灌木、小灌木、多年生草本植物以及苔藓和地衣；沼泽消费者有涉禽、游禽、两栖、哺乳和鱼类，其中有珍贵的或经济价值高的动物，如黑龙江省扎龙和三江平原芦苇沼泽中的世界濒危物种丹顶鹤，三江平原沼泽中的白鹤、白枕鹤、天鹅。沼泽中的哺乳动物有水獭、麝鼠和两栖类的花背蟾蜍、黑斑蛙等。

7.2.1.3 河流生态系统

河流生态系统（river ecosystem）是指那些水流湍急和流动较大的江河、溪涧和水渠等，储水量约占内陆水体总水量的5%。

河流属流水型生态系统，是陆地和海洋联系的纽带，在生物圈的物质循环中起着主要作用。与湖泊生态系统相比，河流生态系统主要具有以下几个特点：

（1）纵向成带现象。湖泊和水库的水温等变化具有典型的水平分层现象，而在河流中却是纵向流动的。从上游到河口，水温和某些化学成分发生明显的变化，由此而影响着生物群落的结构。鱼类在河流中的纵向分布就属这方面的例子。鱼类分布的明显纵向变化和水温、流速以及pH值的变化有关。当然种的这种纵向替换并不是均匀的连续变化，特殊条件和特殊种群可以在整个河流没有明显变化。

（2）生物多具有适应急流生境的特殊形态结构。在流水型生态系统中，水流常是主要限制因子。所以，河流中特别是河流上游急流中生物群落的一些生物种类，为适应这种环境条件在自身的形态结构上有相应的适应特征，有的营附着或固着生活，如淡水海绵和一些水生昆虫的幼体，它们的壳和头黏合在一起，有的生物具有吸盘或钩，可使身体紧附在光滑的石头表面；有的体呈流线型以使水流经过时产生最小的摩擦力。从水生昆虫幼体到鱼类均可见到这现象，还有的生物体呈扁平状，使之能在石下和缝隙中得到栖息场所。

（3）相互制约关系复杂。河流生态系统受其他系统的制约较大，它的绝大部分河段受流域内陆地生态系统的制约，流域内陆地生态系统的气候、植被以及人为干扰强度等都对河流生态系统产生较大影响。例如，流域内森林一旦破坏，水土流失加剧，就会造成河流含沙量增加、河床升高。河流生态系统的营养物质也主要是靠陆地生态系统的输入。但另一方面，河流在生物圈的物质循环中起着重要的作用，全球水平衡与河流营养的输入有关。另外，它将高等和低等植物制造的有机物质、岩石风化物、土壤形成物和陆地生态系统中转化的物质不断带入海洋，成为海洋（特别是沿海和近海）生态系统的重要营养物质来源，它影响着沿海（特别是河口、海湾）生态系统的形成和进化。因此，河流生态系统的破坏，对于环境的影响远比湖泊、水库等静水生态系统大。

（4）自净能力更强，受干扰后恢复速率较快。由于河流生态系统流动性大，水的更新速率快，所以系统自身的自净能力较强，一旦污染源被切断，系统的恢复速率比湖泊、水库要迅速。另外，由于有纵向成带现象，污染危害的断面差异较大，这也是系统恢复速率快的原因之一。具体情况还与污染物的种类、河流的水文、形态特征有关。

（5）河流生物群落一般分为两个主要类型：急流生物群落和缓流生物群落。在流水生态系统中河底的质地，如砂土、黏土和砾石等对生物群落的性质、优势种和种群的密度等影响较大。

急流生物群落是河流的典型生物代表，它们一般都具有流线型的身体，以便在流水中产生最小的摩擦力；或者许多急流动物具有非常扁平的身体，使它们能在石下和缝隙中得到栖息。

7.2.2 湖泊生态系统

湖泊生态系统（lake ecosystem）是指由湖泊内生物群落及其生态环境共同组成的动态平衡系统。湖泊内的生物群落同其生存环境之间，以及生物群落内不同种群生物之间不断进行着物质交换和能量流动，并处于互相作用和互相影响的动态平衡之中。

7.2.2.1 湖泊生态系统的特征

（1）界限明显。一般来说，湖泊、池塘的边界明显，远比陆地生态系统易于划定，在能量流、物质流过程中属于半封闭状态，所以，常作为生态系统功能研究之用。

（2）面积较小。世界湖泊主要分布在北半球的温带和北极地区，除了少数湖泊具有很大的面积（如苏必利尔湖、维多利亚湖）或深度（如贝加尔湖、坦葛尼喀湖）之外，大多数都是规模较小的湖泊。

（3）湖泊的分层现象。北温带湖泊存在的热分层现象非常明显。湖泊水的表层为湖上层，底层为湖下层，两层之间形成一个温度急剧变化的层次，为变温层。

（4）水量变化较大。湖泊水位变化的主要原因是进出湖泊水量的变化。我国一年中最高水位常出现在多雨的7—9月，称丰水期；而最低水位常出现在少雨的冬季，称枯水期。

7.2.2.2 湖泊生物群落

湖泊生物群落具有成带现象的特征，可以按区域划分为沿岸带、敞水带和深水带生物群落。

（1）沿岸带生物群落。沿岸带与陆地结合，水层较浅，光照条件好，虽然不是湖泊的主要生产区，但水生植物比较丰富，并随着水深的变化，呈现挺水植物带—浮叶植物带—沉水植物带等3个植物带。

（2）敞水带生物群落。敞水带是湖泊的主要生产区。生产者主要是硅藻、绿藻和蓝藻。大多数种类是微小的，它们单位面积的生产量有时超过了有根植物。这些类群中有许多具有突起或其他漂浮的适应性。这一带内的浮游植物种群数量具有明显的季节性变化。

（3）深水带生物群落。深水带基本没有光线，生物主要从沿岸带和湖沼带获取食物。深水带生物群落主要由水和淤泥中的细菌、真菌和无脊椎动物组成，这些生物都有在缺氧环境下生活的能力。

7.3 陆地生态系统

7.3.1 陆地生态系统分布规律

地理位置、气候条件及下垫面的差异决定了地球上生态系统的多样性。地球表面有陆地与水体之分，生态系统以此可以分为陆地生态系统和水域生态系统。

7.3.1.1 陆地生态系统的特点

与水域生态系统不同，陆地生态系统没有水的浮力，温度变化不大，空气温度的变化和极端性要比水环境更为明显，全球气候变化对陆地生态系统具有更明显的影响。此外，人类为了满足其生存的需求，作物收获、放牧等一系列人类活动极大地改变了陆地生态系统。

陆地生态系统的非生物环境具有极大的复杂性和更富于变化的特征，尤其水分、热量等重要生态因素的不均匀分布、组合，为生物的生存和发展提供了多种多样的生存环境；而土壤的发育和与大气的直接接触，又为生物提供了丰富的营养物质，从而使陆生生物的种类极其浩繁，生物群落的类型多样性十分丰富。

7.3.1.2 陆地生态系统分布格局

植物是陆地生态系统的初级生产者，陆地生态系统的外貌主要取决于植被类型，世界的植被类型分布与生态系统类型分布和生物群落类型分布相一致。植被成带分布是适应气候条件变化（主要是热量、水分及其配合状况）的结果。地球上的气候沿着纬度、经度和高度这 3 个方向改变，与之相应的植被也沿着这 3 个方向出现交替分布。前两者构成植被分布的水平地带性，后者构成垂直地带性。

（1）水平地带性分布。地球表面的水热条件等环境要素，沿纬度或经度方向发生递变，从而引起植被也沿纬度或经度方向呈水平更替的现象，称为植被分布的水平地带性，构成地球表面植被分布的基本规律之一。

纬度地带性。纬度地带性分布是指由于太阳高度角及其季节变化因纬度而不同，太阳射量也因纬度而异，进而引起热量的纬度差异。这种因纬度变化而引起的热量差异，形成不同的气候带，如热带、亚热带、温带、寒带等。与此相应，植被也形成带状分布，在北半球从低纬度到高纬度依次出现热带雨林、亚热带常绿阔叶林、温带夏绿阔叶林、寒温带针叶林、寒带冻原和极地荒漠。

经度地带性。以水分条件为主导因素，引起植被分布由沿海向内陆发生更替，这种分布格式被称为经度地带性。由于海陆分布、大气环流和大地形等综合因素作用的结果，降水量呈现由沿海到内陆逐步减少的规律。因此，在同一热量带，各地因水分条件不同，植被分布也发生明显的变化。例如，我国温带地区，沿海的空气湿润、降水量大，分布夏绿阔叶林；离海较远的地区，降水减少、旱季加长，分布着草原植被；内陆地区，降水量少，气候极端干旱，分布着荒漠植被。

（2）垂直地带性分布。地球上生态系统的带状分布规律不仅表现在平地，也出现于山地。通常，海拔高度每升高 100 m，气温下降 0.6 ℃左右，或每升高 180 m，气温下降 1 ℃左右。降水最初是随高度的增加而增加，在达到一定海拔高度后，降水量又开始降低。由于海拔高度的变化引起自然生态系统有规律地垂直更替，故称为垂直地带性。它与纬度地带性和经度地带性合称为“三向地带性”，但山地垂直地带性规律是受水平地带性制约的。山地各个垂直带由下而上按一定顺序排列形成的垂直带系列叫作垂直带谱。不同山地由于所处纬度与经度位置不同，具有不同的垂直带谱。通常情况下由低纬到高纬，山地垂直带的数目逐渐减少；相似垂直带分布的海拔高度逐渐降低。位于同一热量气候带内的山地，由于距离海洋远近不同，垂直带谱的结构也不同，而有海洋型与大陆型之别；相同垂直带的海拔高度，大陆型比海洋型分布得高些。此外，山地垂直带谱的基带，其植被或生态系统的类型与该山地所在水平地带性类型一致。

7.3.2 森林生态系统

森林是以乔木为主体，具有一定面积和密度的植物群落，是陆地生态系统的主干。森林群落与其环境在功能流的作用下形成一定结构、功能和自行调控的自然综合体就是森林生态系统（forest ecosystem）。它是陆地生态系统中面积最大、最重要的自然生态系统。在生产有机物质与维持生物圈物质与能量的动态平衡中具有重要的地位。地球上森林占全球面积和陆地面积的11%和38%，而森林生产的有机物质占全球和陆地净初级生产量的47%和71%。地球上适于森林生长发育的环境条件变化范围大，但不同的温度和降雨量条件下的地区会产生不同的森林植物群落，从南往北沿温度和水分变化梯度，森林类型也呈现一个梯度变化，例如，按大陆上的气候特点和森林的外貌，可划分为热带雨林、亚热带常绿阔叶林、温带落叶阔叶林和北方针叶林等主要类型。

据专家估测，历史上森林生态系统的面积曾达到 76×10^8 hm^2，约覆盖着世界陆地面积的2/3，覆盖率约为60%。在人类大规模砍伐之前，世界森林约为 60×10^8 hm^2，约占陆地面积的45.8%。至1985年，森林面积下降到 41.47×10^8 hm^2，约占陆地面积的31.7%。至今，森林生态系统仍为地球上分布最广泛的系统。它在地球自然生态系统中占有首要地位，在净化空气、调节气候和保护环境等方面起着重大作用。森林生态系统结构复杂，类型多样，但森林生态系统仍具有一些主要的共同特征。

7.3.2.1 森林生态系统的主要特征

（1）物种繁多、结构复杂。世界上所有森林生态系统保持着最高的物种多样性，是世界上最丰富的生物资源和基因库，热带雨林生态系统就有 200 万～400 万种生物。我国森林物种调查仍在进行中，新记录的物种不断增加。如西双版纳，面积只占全国的 2%，但据目前所知，仅陆栖脊椎动物就有 500 多种，约占全国同类物种的 25%；又如我国长白山自然保护区植物种类亦很丰富，占东北植物区系近 3 000 种植物的 1/2 以上。

森林生态系统比其他生态系统复杂，具有多层次，有的多至 7～8 个层次。一般可分为乔木层、灌木层、草本层和地面层 4 个基本层次。有明显的层次结构，层与层纵横交织，显示系统复杂性。

林中还生存着大量的野生动物，有象、野猪、羊、牛、啮齿类、昆虫和线虫等植食动物；有田鼠、蝙蝠、鸟类、蛙类、蜘蛛和捕食性昆虫等一级食肉动物；有狼、狐、鼬和蟾蜍等二级食肉动物；有狮、虎、豹、鹰和鹫等凶禽猛兽。此外还有杂食和寄生动物等。因此，以林木为主体的森林生态系统是个多物种、多层次、营养结构极为复杂的系统。

（2）生态系统类型多样。森林生态系统在全球各地区都有分布，森林植被在气候条件和地形地貌的共同作用和影响下，既有明显的纬向水平分布带，又有山地的垂直分布带，是生态系统中类型最多的，如我国云南省，从南到北依次出现热带北缘雨林、季节雨林带、南亚热带季风常绿阔叶林、思茅松林带、中亚热带和北亚热带半湿性常绿阔叶林、云南松林带和寒温性针叶林等。在不同的森林植被带内有各自的山地森林分布的垂直带。亚热带山地的高黎贡山（腾冲境内，海拔 3 374 m）森林有明显的垂直分布规律。

森林生态系统有许多类型，形成多种独特的生态环境。高大乔木宽大的树冠能保持温度的均匀，变化缓慢；在密集树冠内，树干洞穴、树根隧洞等都是动物的栖息场所和理想的避难所。许多鸟类在林中作巢，森林生态系统的环境有利于鸟类的育雏和繁衍后代。

森林生态系统具有丰富多样性，多种多样的种子、果实、花粉、枝叶等都是林区哺乳动物和昆虫的食物，地球上种类繁多的野生动物绝大多数都生存在森林之中。古老、稀有的大熊猫以箭竹为食物，就居住在森林中。

（3）生态系统的稳定性高。森林生态系统经历了漫长的发展历史，系统内部物种丰富、群落结构复杂，各类生物群落与环境相协调。群落中各个成分之间、各成分与环境之间相互依存和制约，保持着系统的稳态，并且具有很高的自行调控能力，能自行调节和维持系统的稳定结构与功能，保持着系统结构复杂、生物量大的属性。森林生态系统内部的能量、物质和物种的流动途径通畅，系统的生产潜力得到充分发挥，对外界的依赖程度很小，保持输入、存留和输出等各个生态过程。森林植物从环境中吸收其所需的营养物质，一部分保存在机体内进行新陈代谢活动，另一部分形成凋谢的枯枝落叶将其所积累的营养元素归还给环境。通过这种循环，森林生态系统内大部分营养元素得到收支平衡。

（4）生产力高、现存量大，对环境影响大。森林具有巨大的林冠，伸张在林地上空，似一顶屏障，使空气流动变小，气候变化也小。森林生态系统是地球上生产力最高、现存量最大的生态系统。据统计，每公顷森林年生产干物质为 12. 9 t，而农田为 6. 5 t，草原为 6. 3 t。

森林在全球环境中发挥着重要的作用，是养护生物最重要的基地，可大量吸收二氧化碳，是重要的经济资源，在防风沙、保水土、抗御水旱、风灾方面有重要的生态作用。森林在生态系统服务方面所发挥的作用也是无法替代的。

7.3.2.2 森林生态系统的主要类型

（1）热带雨林（tropical rainforest）。其分布在赤道及其南北的热带湿润区域。据估算，热带雨林面积近 1.7×10^7 km^2，约占地球上现存森林面积的1/2，是目前地球上面积最大、对人类生存环境影响最大的森林生态系统。热带雨林主要分布在3个区域：一是南美洲的亚马逊盆地，二是非洲刚果盆地，三是印度—马来西亚。我国的热带雨林属于印度—马来西亚雨林系统，主要分布在台湾、海南、云南等省，以云南西双版纳和海南岛最为典型，总面积 5×10^4 km^2。

热带雨林生态系统的主要气候特征是高温、多雨、高湿，为赤道多雨气候型。年平均气温在20~28 ℃，月均温多高于20 ℃；降水量2 000~4 500 mm，多的可达10 000 mm，降水分布均匀；相对湿度常达到90%以上，常年多雾。这里风化过程强烈，母岩崩解层深厚；土壤脱硅富铝化过程强烈，盐基离子流失，铁铝氧化物相对积聚，呈砖红色，土壤呈强酸性，养分贫瘠。有机物质矿化迅速，森林需要的几乎全部营养成分均储备在植物的地上部分。

热带雨林的物种组成极为丰富，而且绝大部分是木本植物，群落结构复杂。热带雨林地区是地球上动物种类最丰富的地区，这里的生境对昆虫、两栖类、爬虫类等变温动物特别适宜。

热带雨林生态系统中能流与物质流的速率都很高，但呼吸消耗量也很大。全球热带雨林的净生产量高达 34×10^9 t/a，是陆地生态系统中生产力最高的类型。

热带雨林中的生物资源十分丰富，有许多树种是珍稀的木材资源。有许多是非常珍贵的热带经济植物、药材和水果资源，如三叶橡胶是世界上最重要的橡胶植物，可可、金鸡纳等是非常珍贵的经济植物，还有众多物种的经济价值有待开发。同时，热带雨林中分布着众多的珍稀动物。

热带雨林是生物多样性最高的区域，其总面积只占全球面积的7%，但拥有世界1/2以上的物种。据估计，热带雨林区域的昆虫种数高达300万种，占全部昆虫种数的90%以上；鸟类占世界鸟类总数的60%以上。目前，热带雨林的关键问题是资源的破坏十分严重，森林面积日益减少。由于在高温多雨的条件下，热带雨林中的有机物质分解非常迅速，物质循环强烈，而且生物种群大多是K-对策，一旦植被遭到破坏，很容易引起水土流失，导致环境退化，而且在短时间内不易恢复。因此，热带雨林的保护是当前全世界关心的重大问题，它对全球的生态平衡都有重大影响。

（2）亚热带常绿阔叶林（subtropical evergreen broad-leaved forest）。这是指分布在亚热带湿润气候条件下并以壳斗科、樟科、山茶科、木兰科等常绿阔叶树种为主组成的森林生态系统。它是亚热带大陆东岸湿润季风气候下的产物，主要分布于欧亚大陆东岸北纬22°~40°之间的亚热带地区，此外，非洲东南部、美国东南部、大西洋中的加那利群岛等地也有少量分布。其中，我国的亚热带常绿阔叶林是地球上面积最大（人类开发前约 2.5×10^6 km^2）、发育最好的一片。亚热带常绿阔叶林区夏季炎热多雨，冬季寒冷而少雨，春秋温和，四季分明，年平均气温16~18 ℃，年降雨量1 000~1 500 mm，土壤为红壤、黄壤或黄棕壤。

亚热带常绿阔叶林的结构较雨林简单，外貌上林冠比较平整，乔木通常只有1~2层，高20 m左右。灌木层较稀疏，草本层以蕨类为主。藤本植物与附生植物虽常见，但不如雨林繁茂。亚热带常绿阔叶林中具有丰富的木材资源，生长着大量珍贵、速生、高产的树种，如北美的红杉、按树，我国的樟木、楠木、杉木等都是著名的良材。还有银杉、珙桐、桫椤、小黄花茶、红豆杉、蚬木、金钱松、银杏等许多珍稀濒危保护植物。

亚热带常绿阔叶林中动物物种丰富，两栖类、蛇类、昆虫、鸟类等是主要的消费者。我国在亚热带林区受重点保护的珍贵稀有动物较多，如蜂猴、豹、金丝猴、短尾猴、红面猴、白头叶猴、水鹿、华南虎、梅花鹿、大熊猫以及各种珍禽候鸟等。

亚热带常绿阔叶林经反复破坏后，退化为由木荷、苦槠、青冈栎等主要树种组成的亚热带常绿阔叶林或针叶林。如再严重破坏，则退变为灌丛，进一步破坏，则退化为草地，甚至导致植被消失。

我国亚热带常绿阔叶林区是中华民族经济与文化发展的主要基地，平原与低丘全被开垦成以水稻为主的农田，是我国粮食的主要产区。原生的亚热带常绿阔叶林仅残存于山地。

（3）温带落叶阔叶林。落叶阔叶林（deciduous forest）又称夏绿阔叶林（summer green broad-leaved forest），分布在西欧、中欧、东亚及北美东部等中纬度湿润地区，在我国常见于东北、华北地区。温带落叶阔叶林的气候也是季节性的，冬季寒冷，夏季温暖湿润，年平均气温8~14 ℃，年降水量500~1 000 mm，土壤肥沃，发育良好，为褐色土与棕色森林土。

落叶阔叶林垂直结构明显，有1~2个乔木层，灌木和草本各1层，优势树种为落叶乔木，常见的有栎类、山核桃、白蜡以及槭树科、桦木科、杨柳科树种。乔木层种类组成单一，高15~20 m，灌木密集，有阳光透过的地方草本植物、蕨类、地衣和苔藓植物旺盛。

在集约经营的温带森林中，动物多样性水平低，因为往往栽植非天然的针叶树种，尽管这些种类生长快、人类的需求大，但不能为适应天然落叶林的动物提供食物和栖息地。受干扰少的落叶阔叶林中的消费者有松鼠、鹿、狐狸、狼、獐和鸟类，在我国受重点保护的野生动物有褐马鸡、灰叶猴、麝、金钱豹、羚羊、大熊猫、白唇鹿、野骆驼等，以及天鹅、鹤等鸟类。

跨越北欧的温带森林正受到来源于工业污染的酸雨的危害。森林作业（如皆伐）使土壤暴露，并造成侵蚀以及水分流失的后果。我国黄河中游地区，由于历史上原生植被遭长期破坏，成为我国水土流失最严重的地区，使黄河中含沙量居世界河流首位。我国西北、华北和东北西部，由于历史上森林遭到破坏，造成了大片的沙漠和戈壁。

（4）北方针叶林（boreal coniferous forest），其分布在北纬45°~70°的欧亚大陆和北美大陆的北部，延伸至南部高海拔地区。中国的北方针叶林分布于大兴安岭和华北、西北、西南高山的上部。地处的气候条件是，冬季长、寒冷、雨水少，夏季凉爽、雨水较多。年平均气温多在0 ℃以下，年平均降水量400~500 mm。土壤为灰化土，酸性，腐殖质丰富，因为低温下微生物活动较弱，故积累了深厚的枯枝落叶层。

北方针叶林的树种组成单一，常常是一个针叶树种形成的单纯林，如云杉、冷杉、落叶松、松等属的树种，树高 20 m 左右，也可能伴生少量的阔叶树种，如杨、桦木。常有稀疏的耐阴灌木，以及适应冷湿生境的由草本植物和苔藓植物组成的地被物层。很多针叶长成圆锥形是对雪害的一种适应，以避免树冠受雪压。这些树种低的蒸发蒸腾速率和其树叶抗冻的形状能使它们度过冬季时不落叶。

北方针叶林中生长着众多的草食哺乳动物，如驼鹿、鼠、雪兔、松鼠等，还有名贵的皮毛兽，如貂、虎、熊等。一些肉食种类（如狼和欧洲熊）因狩猎而几乎灭绝，仅有少数孤立的种群。北方针叶林还是很多候鸟（如一些鸣禽和鹤属）重要的巢居地，供养着众多以种子为食的鸟类群落。

北方针叶林组成整齐，便于采伐，作为木材资源对人类是极端重要的。在世界工业木材总产量中（1.4×10^9 km^3），1/2 以上来自针叶林。

7.3.3 草地生态系统

草地生态系统（grassland ecosystem）是指以饲用植物和食草动物为主体的生物群落与其生存环境共同构成的开放生态系统。草地与森林一样，是地球上最重要的陆地生态系统类型之一。草地群落以多年生草本植物占优势，辽阔无林，在原始状态下常有各种善于奔驰或营洞穴生活的草食动物栖居。草原是内陆干旱到半湿润气候条件的产物，以旱生多年生禾草占绝对优势，多年生杂类草及半灌木也或多或少起到显著作用。

世界草原总面积约 2.4×10^7 km^2，约为陆地总面积的 1/6，大部分地段作为天然放牧场。因此，草原不但是世界陆地生态系统的主要类型，而且是人类重要的放牧畜牧业基地。

草地可分为草原与草甸两大类。前者由耐旱的多年生草本植物组成，在地球表面占据特定的生物气候地带。后者由喜湿润的中生草本植物组成，出现在河漫滩等湿地和林间空地，或为森林破坏后的次生类型，属隐域性植被，可出现在不同生物气候地带。这里主要介绍地带性的草原，它是地球上草地的主要类型。

根据草原的组成和地理分布，可分为温带草原与热带草原两类。前者分布在南北两半球的中纬度地带，如欧亚大陆草原（steppe）、北美大陆草原（prairie）和南美草原（pampas）等。这里夏季温和，冬季寒冷，春季或晚夏有一明显的干旱期。由于低温少雨，草群较低，其地上部分高度多不超过 1 m，以耐寒的旱生禾草为主，土壤中以钙化过程与生草化过程占优势。后者分布在热带、亚热带，其特点是在高大禾草的背景上常散生一些不高的乔木，故被称为稀树草原或萨王纳（savanna）。这里终年温暖，雨量常达 1 000 mm 以上，在高温多雨影响下，土壤强烈淋溶，以砖红壤化过程占优势，比较贫瘠。但一年中存在 1~2 个干旱期，加上频繁的野火，限制了森林的发育。

7.3.3.1 热带草原

在湿季降雨量可达 1 200 mm，但在长达 4~6 个月或更长的干季则无降雨，加上高温和频繁的野火，限制了森林的发育。一年中大部分时间土壤保持较低的含水量，从而限制了微生物活动和养分的循环，高温多雨时，土壤又强烈淋溶，比较贫瘠，以砖红壤化过程占优势。

植被以热带型干旱草本植物占优势。非洲萨王纳以金合欢属构成上层疏林为特征，树木具有小叶和刺，有些旱季落叶，为放牧、吃草的动物提供遮阳、食物，并养育着许多无脊椎动物物种。树木具有很厚的树皮，起到绝热防火的作用。在北美和欧洲草原，火是阻止灌木物种侵入草原的一个重要因子。

非洲萨王纳生长的草食动物有斑马、野牛、长颈鹿、犀牛等。肉食动物数量大，如狮、豹、鬣狗等。

7.3.3.2 温带草原

为半干旱气候，年降雨量 250~600 mm，但可利用水分取决于温度、降雨的季节分布和土壤持水能力。通常，草类物种生活短暂，草原的土壤可获取大量的有机物质，包含的腐殖质可以超过森林土壤的 5~10 倍。这种肥沃的土壤非常适于作物（如玉米、小麦等）的生长，北美和俄罗斯的主要粮食生产带就位于草原地区。

植被为阔叶多年生植物，在生长季早期开花，而较大的阔叶多年生草本则在生长季末开花。

原始的温带草原动物群落由迁徙性的成群食草动物、啮齿类和相应的食肉动物组成，如狼、鼬、猛禽等。温带草原鸟类物种不是很多，也许是因为植被结构单一和缺乏树木，生长季短还使两栖类和爬行类没有时间从卵发育成成年个体。

生产力较低的草原已经被用作牧场饲养牛羊，大量放牧导致草原植物群落的破坏和土壤侵蚀。这样下去草类将不能再生，因为表层土壤的丧失和持续放牧，草原会出现荒漠化。

7.3.4 荒漠生态系统

荒漠生态系统（desert forest）位于极端干旱、降雨稀少、植被稀疏的亚热带和温带地区，主要分布于北非和西南非洲（撒哈拉和纳米布沙漠）及亚洲的一部分（戈壁沙漠）、澳大利亚、美国西南部、墨西哥北部。我国的荒漠分布于亚洲荒漠东部，包括准噶尔盆地、塔里木盆地、柴达木盆地、河西走廊和内蒙古西北部。

荒漠地区降雨量不足 200 mm，有些地区年降雨量甚至少于 50 mm，且时间上不确定。通常白天炎热，晚上寒冷。白天温度取决于纬度，依据温度不同，可分为热荒漠和冷荒漠。热荒漠主要分布在亚热带和大陆性气候特别强烈的地区。冷荒漠主要分布在极地或高山严寒地带。温带荒漠干燥的原因是其位于雨影区，山体截留了来自海上的水汽。在极端的荒漠地带，无雨期可能持续很多年，仅有的可利用水分存在于地下深处，或来自夜晚的露水。由于植被稀疏和生产力低，有机物质积累量少，导致土壤瘠薄，养分贫乏，保水能力差。

两种类型的荒漠具有不同的植物群落。热荒漠生长着稀疏的有刺半灌木和草本植物，为旱生和短命的植物种类，干旱时期叶片脱落，进入休眠。它们能很快生长和开花，短时期覆盖荒漠地表。地下芽植物以球根和鳞茎的形式存活在地下。而多汁植物，如美洲的仙人掌和非洲的大戟属植物，能自我适应度过漫长的干旱时期，这些植物表皮厚、气孔凹陷、表面积与体积的比值小，因此减少了水分损失。冷荒漠种类贫乏，多呈垫状和莲座状生长，有较密集的灌木植被，如整个夏天都能保持绿色的北美山艾树。分布范围广的浅根系植物与根系长达 30 m 的深根系植物结合起来利用稀少的降雨和地下水。苔藓、地衣、藻类可在土壤中休眠，但也像荒漠中一年生植物一样，能很快地对寒冷和湿润的时期做出反应。

荒漠生态系统的动物成分主要为爬行动物、昆虫、啮齿类的小动物和鸟类等。爬行动物和昆虫能利用其防水的外壳和干燥的分泌物在荒漠条件下生活下去。一些哺乳动物（如几种啮齿类）能通过排泄浓缩的尿液来适应并克服水分的短缺，还找到了不用消耗水分就能降温的方法。它们甚至不必喝水也能活下来。其他动物，如骆驼，必须定期饮水，但生理上能适应和忍耐长期的脱水。骆驼能忍受的水分消耗约自身总含水量的 30%，并能在 10 分钟内饮完约其体重 20%的水。

生产力取决于降雨量，几乎呈线性关系，因为降雨是限制生长的主要因子。在美国加利福尼亚州的莫哈韦沙漠，年降雨量 100 mm 的地方净生产力为 600 kg/hm^2，降雨量增加到 200 mm 使净生产力增加到 1 000 kg/hm^2。在冷荒漠地区，蒸发损失水分较少，200 mm 的年降雨量则能维持 1 500~2 000 kg/hm^2的生产力。沙漠地区具有如此大的生产潜力，以至于土壤只要适宜，灌溉就能将荒漠转变成高产农田。但是，问题在于荒漠灌溉能否持续下去。由于土壤中水分大量蒸发，从而使盐分被留下来，有可能积累到有毒的水平，这一过程被称为盐渍化。使河流改变方向和排干湖泊来满足农业的需要，对其他地方的生态环境可能会产生毁灭性的影响。例如，由于咸海灌溉，其水位下降了 9 m，预测还会下降 8~10 m。它周围的海岸线和暴露出来的湖底近似于荒漠，繁荣的渔业已经被破坏。

7.3.5 苔原生态系统

苔原也叫冻原，这一词来源于芬兰语，意思是没有树木的丘陵地带，是寒带植被的代表，主要分布在欧亚大陆北部和北美洲北部，形成一个大致连续的地带。

苔原生态系统（tundra ecosystem）是指由极地平原和高山苔原的生物群落与其生存环境所组合成的综合体，主要特征是低温、生物种类贫乏、生长期短、降水量少。

苔原生态系统基本特点

（1）气候与土壤。苔原的生态环境甚为恶劣，气候特点是寒冷，年平均气温在 0 ℃以下，冬季漫长而严寒，最低温可达 70 ℃，有 6 个月见不到太阳；夏季短而凉，最热月平均气温为 0~10 ℃。植物生长季很短，为 8~10 周；年降水量较低（通常每年少于 250 mm）而且主要以降雪的形式出现，但水分蒸发差，故空气湿度较大。

苔原土壤在一定深度都有永冻层，且分布广，它是苔原生态系统最为独特的一个现象。所谓永冻层，是指土层下面永久处于冻结状态的岩土层，深度从几米至数百米，甚至达 1 000 m，永冻层的存在有碍地表水的渗透，易引起土壤的沼泽化。较低的生产力和有限的微生物活动导致了该层土层很薄，这层薄土壤在冬季会结冰，夏季会形成积水和沼泽。冻土层上部是冬冻夏融的活动层，其厚度在黏质土为 0.7~1.2 m，砂质土为 1.2~

1.6 m。活动层对生物的活动和土壤的形成具有重要意义。植物的根系得到伸展，吸取营养物质；动物在此挖掘洞穴，有机会得到积累和分解。

(2) 主要植被。苔原具有很低的生产力，但是在这个极端的生境中却发现了大量的物种，基本都具有系列的抗寒和抗干旱生理生态学特性，主要呈现以下几个特点：

植被种类组成简单，植被种类的数目通常为100~200种，没有特殊的科，其具代表性的科为石楠科、杨柳科、莎草科、禾本科、毛茛科、十字花科和蔷薇科等。多是灌木和草本，无乔木。苔藓和地衣很发达，在某些地区可成为优质种。

植被群落结构简单，可分为1~2层，最多为3层，即小灌木和矮灌木层、草本层、藓类地衣层。藓类和地衣枝体具有保护灌木和草本植物越冬芽的作用。

许多植物在严寒中营养器官不受损伤，有的植物在雪下生长和开花。北极辣根菜（cochlearia arctica）的花和果实在冬季可被冻结，但春天气温上升，一解冻又继续发育。在低温下，植物生长极慢，如极柳（Salix polaris）在一年中枝条仅增长1~5 mm。

苔原中通常全为多年生植物，没有一年生植物，并且多数种类为常绿植物，如矮桧（Juniperus nana）、越橘（vaccinium vitis-idaea）、岩高兰（empetrum nigrum）等。这些常绿植物在春季可以很快地进行光合作用，而不必花很多时间来形成新叶。为适应大风，许多种植物矮生，紧贴地面匍匐生长，如极柳、网状柳。有些是垫状类型，如高山葶苈。这些特点都是为了适应强风，防止被风吹走以及保持土壤表层的温度使其有利于生长。

(3) 苔原动物。苔原生态系统中动物的种类也很少，绝大部分是环极地分布的。主要有：驯鹿（rangifer arcticus）、麝牛（ovibos moschatus）（夏天它们以谷地和平原上的禾草、苔属和矮柳为食）、北极兔（Lepus arcticus）、旅鼠（Lemmus trimucronatus）、北极熊（ursus maritimus）；植食性鸟类比较少，主要是雷鸟和迁徙性的雁类；几乎没有爬行类和两栖类动物；昆虫种类虽少，但数量很多。

7.4 人工生态系统

人工生态系统（artificial ecosystem）是指以人类活动为生态环境中心，按照人类理想要求建立的生态系统，如城市生态系统、农业生态系统等。人工生态系统的特点是：①社会性，即受人类社会的强烈干预和影响；②易变性，或称不稳定性，易受各种环境因素的影响，并随人类活动而发生变化，自我调节能力差；③开放性，系统本身不能自给自足，依赖于外系统，并受外部的调控；④目的性，系统运行的目的不是为维持自身的平衡，而是为满足人类的需要；所以人工生态系统是由自然环境（包括生物和非生物因素）、社会环境（包括政治、经济、法律等）和人类（包括生活和生产活动）3部分组成的网络结构。

7.4.1 农业生态系统

农业生态系统（agro ecosystem）是指在人类的积极参与下，利用农业生物种群和非生物环境之间以及农业生物种群之间的相互关系，通过合理的生态结构和高效的生态机能，进行能量转化和物质循环，并按人类社会需要进行物质生产的综合体。农业生态系统是人工驯化的生态系统，既有人类的干预，同时又受自然规律的支配。

7.4.1.1 农业生态系统的组成

农业生态系统与自然生态系统一样，其基本组成也包括生物成分和非生物环境成分两大部分。由于受到人类的参与和调控，其生物成分是以人类驯化的农业生物为主，环境也包括了人工改造的环境部分。

（1）生物组分。农业生态系统的生物组分包括以绿色植物为主的生产者、以动物为主的消费者和以微生物为主的分解者。然而，农业生态系统中占据主要地位的生物是经过人工驯化的农业生物，包括各种大田作物、果树、蔬菜、家畜、家禽、养殖水产类、林木等，以及与这些农业生物关系密切的生物类群，如杂草、作物害虫、寄生虫、根瘤菌等。更重要的是在农业生态系统的生物组分中还增加了最重要的调解者和主体消费者——人类。由于人类有目的地选择和控制，农业生态系统中其他生物种类和数量一般较少，其生物多样性往往低于同地区的自然生态系统。

（2）环境组分包括自然环境组分和人工环境组分。自然环境组分包括水体、土体、气体、辐射等，是从自然生态系统集成下来的，但已受到人类不同程度的调控和影响。例如，作物群体内的温度、鱼塘水体的透光率、土壤的物理化学性质等都受到了人类各种活动的影响，甚至大气成分也受到工农业生产的影响而有所改变。人工环境组分包括生产、加工、储藏设备和生活设施，例如温室、禽舍、水库、渠道、防护林带、加工厂、仓库和住房等。人工环境组分是自然生态系统中没有的，通常以间接的方式对生物产生影响。

7.4.1.2 农业生态系统的基本结构

（1）组分结构。农业生态系统的组分结构（components structure）系指农、林、牧、渔、副（加工）各业之间的量比关系，以及各业内部的物种组成及量比关系。农业生态系统的生物种类和数量受自然条件和社会条件的双重影响。生物种类和数量不但会因为农业生物种群结构调整、品种更换而改变，而且会因为农药和兽药的施用等农业措施而变化。遗传育种和新种引入会改变生态系统中生物基因的构成。

（2）时空结构。农业生态系统的空间结构（space structure）常分为水平结构和垂直结构。水平结构（horizontal structure）是指一定区域内，各种农业生物类群在水平空间上的组合与分布，亦即由农田、人工草地、人工林、池塘等类型的景观单元所组成的农业景观结构。垂直结构（vertical structure）是指农业生物类群在同一土地单元内，垂直空间上的组合与分布。在垂直方向上，环境因子因地理高程、水体深度、土壤深度和生物群落高度而产生相应的垂直梯度，如温度的高度梯度、光照的水深梯度。农业生物也因适应环境的垂直变化而形成各类层带立体结构。

农业生态系统的时间结构（temporal structure）是指农业生物类群在时间上的分布与发展演替。随着地球自转和公转，环境因子呈现昼夜和季节变化，农业生态系统中农业生物经过长期适应和人工选择，表现出明显的时相差异和季节适应性。如农业生物类群有不同的生长发育阶段、生育类型和季节分布类型，适应不同季节的作物按人类需求可以实行复种、套作或轮作，占据不同的生长季节。

（3）营养结构。农业生态系统的营养结构受到人类的控制。农业生态系统不但具有与自然生态系统类同的输入、输出途径，如通过降雨、固氮的输入，通过地表径流和下渗的输出，而且具有人类有意识增加的输入，如灌溉水、化学肥料、畜禽和鱼虾的配合饲料，也有人类强化了的输出，如各类农林牧渔的产品输出。有时，人类为了扩大农业生态系统的生产力和经济效益，常采用食物链“加环”来改造营养结构；为了防止有害物质沿食物链富集而危害人类的健康生存，而采用食物链“解列”法中断食物链与人类的连接，从而减少对人类健康的危害。

7.4.1.3 农业生态系统的基本功能

农业生态系统通过由生物与环构成的有序结构，可以把环境中的能量、物质、信息和价值资源，转变成人类需要的产品。农业生态系统具有能量转换功能、物质转换功能、信息转换功能和价值转换功能，在这种转换之中形成相应的能量流、物质流、信息流和价值流。

（1）能量流（energy flow）。农业生态系统不但像自然生态系统那样利用太阳能，通过植物、食草动物和肉食动物在生物之间传递，形成能量流，而且为提高生物的生产力还利用大量的辅助能量流。

生态系统接收的除太阳辐射能之外的其他形式的能量统称为辅助能，包括自然辅助能和人工辅助能。自然辅助能的形式有风力作用、沿海和河口的潮汐作用、水体的流动作用、降水和蒸发作用。人工辅助能包括生物辅助能和工业辅助能两类。前者是指来自生物有机物的能量，如劳力、畜力、种子、有机肥、饲料等，也称为有机能；后者是指来源于工业的能量投入，包括以石油、煤、天然气、电等含能物质直接投入到农业生态系统的直接工业辅助能，以及以化肥、农药、机具、农膜、生长调节剂和农用设施等本身不含能量，但在制造过程中消耗了大量能量的物质形式投入的间接工业辅助能。

从农业生态系统的能量输出来看，随着人类从生态系统内取走大量的农畜产品，大量的能量与物质流向系统之外，形成了一股强大的输出能流，这是农业生态系统区别于自然生态系统的一条能流路径，也称为第四条能流路径。

（2）物质流（nutrient cycle）。农业生态系统物质流中的物质不但有天然元素和化合物，而且有大量人工合成的化合物。即使是天然元素和天然化合物，由于受人为过程影响，其集中和浓缩程度也与自然状态有很大差异。农业生产中大量使用外源物质，如各种杀虫剂、杀菌剂、除草剂、化肥等，使得大气、水体和土壤遭受污染。污染物质进入农业生态系统被植物吸收后，会沿着食物链各个营养级与环节陆续传递，在传递过程中有害物质逐渐积累和被浓缩。

（3）信息流（information flow）。农业生态系统不但保留了自然生态系统的自然信息网，而且利用了人类社会的信息网，利用电话、电视、广播、报刊、教育、推广、邮电、计算机网络等方式高效地传送信息。

（4）价值流（value flow）。价值可在农业生态系统中转换成不同的形式，并且可以在不同的组分间转移。以实物形态存在的农业生产资料的价值，在人类劳动的参与下，转变成生产形态的价值，最后以增值了的产品价值形态出现。价格是价值的表现形式，以价格计算的资金流是价值流的外在表现。

7.4.2 城市生态系统

城市生态系统（urban ecosystem）指的是城市空间范围内的居民与自然环境系统和人工建造的社会环境系统相互作用而形成的统一体，属人工生态系统。它是以人为主体的、人工化环境的、人类自我驯化的、开放性的生态系统。它是由社会、经济和自然3个亚系统复合而成的由城市居民与其周围环境相互作用而形成的网络结构。

7.4.2.1 城市生态系统的组成

城市生态系统是指一个以人为中心的自然、经济与社会复合的人工生态系统，所以城市生态系统的组成首先是人，另外包括自然系统、经济系统和社会系统。

自然系统包括城市居民赖以生存的基本物质环境，如太阳、空气、淡水、森林、气候、岩石、土壤、动物、植物、微生物、矿藏、自然景观等。

经济系统涉及生产、流通与消费的各个环节，包括工业、农业、交通、运输、商贸、金融、建筑、通信、医疗、旅游等，还涉及文化、艺术、宗教、法律等上层建筑范畴。

社会系统体现的是以人为中心，反映的是居民的人口、劳动、智力结构和城市的政治机构、经济管理、文化娱乐、社会团体和家庭组织结构，而共同反映的是城市的主体，即人的能力、需求、活动状况和城市的职能特点等。

目前没有统一的城市生态系统构成划分，不同的研究出发点与方向会有不同的划分方法。从环境科学角度，根据子系统的空间因素及相互作用，可以对城市生态系统的组成进行划分。

7.4.2.2 城市生态系统的结构

城市生态系统的结构在很大程度上不同于自然生态系统。因为除了自然系统本身的结构外，还有以人类为主体的社会结构和经济结构。

（1）空间结构。城市由各类建筑群、街道、绿地等构成，形成一定的空间结构，即同心圆、辐射（扇形）、镶嵌3类结构。城市空间结构往往取决于城市的地理条件、社会制度、经济状况、种族组成等因素。例如，社会经济规则引起了扇形结构的变化，家庭的变化导致了同心圆结构的变化，而种族的不同形成了多中心的镶嵌结构。又如依照自然条件（或依山或傍水）而发展起来的房屋建筑和城市基础设施决定了城市空间结构的外观。

（2）社会结构。社会结构是城市人口、劳动力和智力等的空间配置和组合。城市人口是城市的主体，其数量往往决定着城市的规模和等级。劳动力结构是指不同职业的劳动力所占的比例，它反映出城市的经济特点和主要职能。智力结构是指具有一定专业知识和一定技术水平的那部分劳动力，反映出城市的文化水平和现代化程度，也是决定城市经济发展的重要条件。

（3）经济结构。经济结构由生产系统、消费系统、流通系统几部分组成。各部分的比例因城市不同而异，取决于城市的性质和职能。

（4）营养结构。城市生态系统中生产者绿色植物的量很少，主要消费者不再是自然生态系统中的动物而是人，分解者微生物亦少。系统自身的生产者生物量远远低于周边生态系统，相反，消费者密度则高于其他生态系统。因此，城市生态系统不能维持自给自足的状态，需要从外界供给物质和能量，从而形成不同于自然生态系统的倒三角形营养结构。

7.4.2.3 城市生态系统基本功能

城市生态系统的功能是指系统及其内部各子系统或各组分所具有的作用。城市生态系统作为一个开放型的人工生态系统，具有两个功能，即外部功能和内部功能。外部功能是指联系其他生态系统，根据系统的内部需求，不断从外系统输入与输出物质和能量，以保证系统内部的能量流动和物质流动的正常运转与平衡；内部功能是指维持系统内部的物流和能流的循环和畅通，并将各种流的信息不断反馈，以调节外部功能，同时把系统内部剩余的或不需要的物质与能量输出到其他外部生态系统中。

（1）城市生态系统的生产功能。城市生态系统的生产功能是指城市生态系统能够利用城市内外系统提供的物质和能量等资源，生产出产品的能力。包括生物生产与非生物生产。

① 生物生产。城市生态系统的生物生产功能是指城市生态系统所具有的，包括人类在内的各类生物交换、生长、发育和繁殖的过程。具体表现在生物的初级生产和次级生产两个方面。

生物的初级生产是指植物的光合作用过程。由于城市是以第二产业、第三产业为主，城市生态系统中的农田、森林、草地、果园和苗圃等人工或自然植被所占的城市空间比例并不大。因此，植物生产不占主导地位。虽然如此，城市植被的景观作用功能和环境保护功能对城市生态系统来说仍然十分重要。因此，尽量大面积地保留城市的农田生态系统、森林生态系统、草地生态系统等是非常必要的。

城市生态系统所需要的生物次级生产物质，有相当一部分必须从城市外部输入，表现出明显的依赖性。另一方面，由于城市的生物次级生产者主要是人，故城市生态系统的生物次级生产过程除受非人为因素的影响外，主要受人类行为的影响，具有明显的人为可调性。此外，它还表现出社会性，即城市次级生产是在一定的社会规范和法律的制约下进行的。

② 非生物生产。城市生态系统的非生物生产是人类生态系统特有的生产功能，是指其具有创造物质与精神财富、满足城市人类的物质消费与精神需求的性质。分为物质生产和非物质生产两大类。

物质生产是指满足人们的物质生活所需的各类有形产品及服务，包括各类工业产品、设施产品（如城市基础设施）、服务性产品（服务、金融、医疗、教育、贸易、娱乐等所需要的各项设施）。

非物质生产是指满足人们的精神生活所需的各种文化艺术产品及相关的服务。如城市中具有众多人类优秀的精神产品生产者，包括作家、诗人、雕塑家、画家、演奏家、歌唱家、剧作家等，也有难以计数的精神文化产品出现，如小说、绘画、音乐、戏剧、雕塑等。城市生态系统的非物质生产，实际上是城市文化功能的体现。

（2）城市生态系统的能量流动。城市生态系统的能量流动是以各类能源的消耗与转化为其主要特征的，是能源（能产生能量物质，亦指能量来源）在系统内外的传递、流通和耗散过程。能源是指产生机械能、热能、光能、化学能、生物能等各种能量的自然资源或物质。能源结构是指能源的总生产量和总消费量的构成及比例关系。从总生产量分析能源结构，称为能源的生产结构，即各种一次能源（如煤炭、石油、天然气、水能、核能等）所占比重；从消费量分析能源结构，称为能源的消费结构，即能源的使用途径。一个国家或一个城市的能源结构是反映该国或该城市生产技术发展水平的一个重要标志。城市的能源结构与全国的能源生产结构、消费结构、城市经济结构特征和环境特征等有密切的关系。如今，天然气和电力消费及一次能源用于发电的比例是反映城市能源供应现代化水平的两个指标。

城市生态系统的能量流动基本过程如图 7-1 所示。原生能源（又称一次能源）是从自然界直接获取的能量形式，主要包括煤、石油、天然气、油页岩、油砂、太阳能、生物能（生物转化了的太阳能）、风能、水力、潮汐能、波浪能、海洋温差能、核能（聚、裂变能）和地热能等。原生能源中有少数可以直接利用，如煤、天然气等；但大多数都需要经加工转化后才能利用。

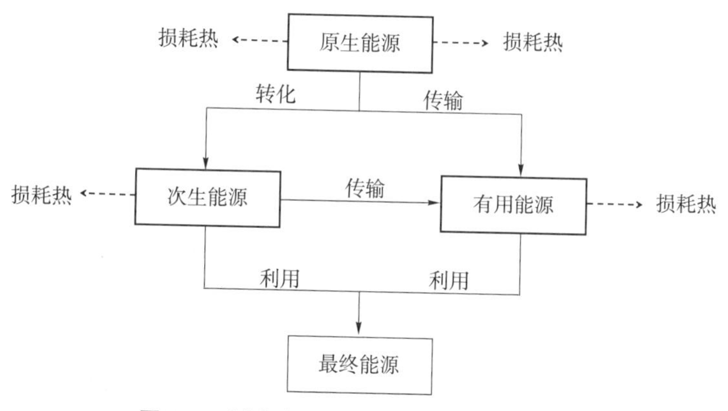

图 7-1　城市生态系统的能量流动基本过程

（3）城市生态系统的物质循环。城市生态系统中的物质循环是指各项资源、产品、货物、人口、资金等在城市各个区域、各个系统、各个部分之间以及城市与外部之间的反复作用过程。它的功能是维持城市生存、生产和运行，维持城市生态系统的生产、消费、分解还原过程。城市生态系统物质循环中物质流包括以下几种类型：

① 自然力推动的物质流。城市生态系统物质循环中的物质流包括自然力推动的物质流，对城市大气质量和水体质量有重要的影响。城市的人口和工业生产集中，每天的耗氧量大，而城市的植被很少，产氧量很小，造成氧的不平衡，这就需要空气流从外界带入大

量氧气。与此相反，城市中产生的二氧化碳远远大于消耗量，这就需要空气流每天把城市中多余的二氧化碳带出界外。

② 人工推动的物质流。一般来讲，物质在城市生态系统中循环的过程，实际上主要就是人工推动的物质流。显然它在物质流中是最为复杂的，它不是简单的输入和输出，还要经过生产（有形态和功能的改变）、交换、分配、消费、积累以及排放废弃物等环节和过程。

③ 人口流。城市的人口流是一种特殊的物质流，包括时间上和空间上的变化。城市人口的自然增长和机械增长反映了城市人口在时间上的变化；城市内部人口流动的交通人流和城市与外部之间的人口流动反映了城市人口的空间变化。人口流可以分为常住人口流和流动人口流两大类。

④ 其他物质流。除了上述物质流类型外，人们还从经济观点角度，提出了城市的价值流、资金流，包括投资、产值、商品流通和货币流通等，以反映城市社会经济的活跃程度，其实质与物质流是相同的。

城市生态系统物质循环具有以下特点：①系统内外物质流量大；②城市生态系统的物质流缺乏生态循环；③物质流受到强烈人为因素的影响；④物质循环过程中产生大量废物。

（4）城市生态系统的信息传递。信息可以传递知识，通过消息、情报、指令、数据、图像、信号等形式，传播知识，把知识变成生产力。信息是科学技术与生产力之间的桥梁和纽带。信息可以节约时间，提高效率。城市的重要功能之一，就是输入分散的、无序的信息，输出经过加工的、集中的、有序的信息。城市有现代化的信息技术以及使用这些技术的人才，并具有完善的新闻传播网络系统，信息流相当大。

7.4.2.4 城市生态系统的特征

（1）人是城市生态系统的主体。同自然生态系统和农村生态系统相比，城市生态系统中的主体是人，次级生产者与消费者都是人。所以，城市生态系统最突出的特点是人口的发展代替或限制了其他生物的发展。由于人类对环境的强烈干扰和带来的人工技术产物（建筑物、道路、公用设施等）完全改变了原有的生态系统结构（或称物理结构），人类的经济、社会活动和人类自身再生产成为影响生态系统的决定性因素。经济再生产过程是城市生态系统的中心环节。城市内部及城市与其外部系统之间物质、能量、信息的交换，主要靠人类活动来协调和维持。

（2）高度人工化。城市生态系统的环境主要部分为人工环境，城市居民为了生产、生活等的需要，在自然环境的基础上，建造了大量的建筑物及交通、通信、供排水、医疗、文教和体育等城市设施。大量的人工设施叠加于自然环境之上，形成了显著的人工化特点，如人工化地形、人工化地面（混凝土、沥青）、人工化水系（给排水系统）、人工化气候（空调房间、恒温室，甚至城市热岛、城市风也是人工干扰的结果）。这样，使得原有自然环境条件都不同程度受到人工环境和人的活动的影响，使得城市生态系统的环境变化显得更加复杂和多样化。

（3）不完全的生态系统。在自然生态系统和农村生态系统中，能量在各营养级中的流动都是遵循“生态学金字塔”规律的。在城市生态系统中却表现出相反的规律。城市生态系统中，由于消费者的数量远远大于生产者的数量，城市生态系统要维持稳定和有序，必须有外部生态系统的物质和能量的输入，如必须从城市外部输入农副产品、日用品等供给消费者——城市居民生活之用；同时，城市居民在生产和生活中排泄的大量废物，也不能靠在城市生态系统内的分解者有机体完全分解，而要输送到其他生态系统（如农田生态系统、水生生态系统等）中分解。因此，城市生态系统是个不完全、不独立的生态系统。如果从开放性和高度输入的性质来看，城市生态系统又是发展程度最高、反自然程度最强的人类生态系统。

（4）城市生态系统的开放性。城市生态系统不能提供本身所需的大量能源和物质，必须从外部输入，经过加工，将外来的能源和物质转变为另一种形态（产品），以提供本城市人们使用。城市规模越大，要求输入的物质种类和数量就越多，城市对外部所提供的能源和物质的接收、消化、转变的能力也越强。城市生态系统在人力、资金、技术、信息方面也对外部系统有不同程度的依赖性，这可以解释当今世界各国流动人口在城市中总是大于除城市之外其他人类聚居地的原因。然而，能源与物质对外部的强烈依赖性在城市生态系统中是占有主导地位的。

（5）城市生态系统的脆弱性。城市生态系统不是一个自律系统，城市生态系统必须依赖其他生态系统才能存在和发展，从这个意义上讲，城市生态系统是一个十分脆弱的系统。城市生态系统营养关系呈倒金字塔的营养结构，表明城市生态系统是一个不稳定的系统，人类所需要的食物在系统内根本无法满足，需要从系统外输入。生产和生活活动所必需的其他资源和能源，同样也需要从系统外输入。

（6）城市生态系统的自我调节机能脆弱。与自然生态系统相比较，城市生态系统由于物种多样性降低，能量流动和物质循环的方式、途径都发生改变，使系统本身的自我调节能力降低，其稳定性在很大程度上取决于社会经济系统的调控能力和水平，以及人类对这一切的认识，即环境意识、环境伦理和道德责任。随着智能化、信息化的提高，城市生态系统对外界的不利影响可能会越来越弱。

（7）城市生态系统的复杂性。城市生态系统是一个迅速发展和变化的复合人工系统。在城市这一自然—社会—经济的复合人工系统中，一定生产关系下的生产力起着主导支配作用。随着人们生产力的提高，人们在对能源和物质的处理能力上，不仅有量的扩大，而且可以不时发生质的变化。通过人工对原有能源和物质的合成或分解，可以形成新的能源和物质，形成新的处理能力。与自然生态系统相比，城市生态系统的发展和变化不知要迅速多少倍。城市生态系统中的有机物或无机物都是相互联系、相互依赖的。而且系统中任何一个小的变化都会引起系统整体性能的改变，一些小生态系统的渐进性的变化一旦积聚起来，可以对大系统产生非常重要的影响。有时，一个系统中的变化可以对与它联系很少的系统产生很大的影响。城市生态系统组成要素复杂，所表现出的各种现象和过程，都存在一定的联系和中间环节。

第8章 全球生态问题与安全危机

8.1 全球生态问题

环境问题已成为人类面临的严峻挑战之一，主要包括原生环境问题和次生环境问题两大类。

8.1.1 原生环境问题

原生环境问题也叫第一环境问题，是由自然环境自身变化引起的，没有人为因素或很少有人为因素参与。这类环境问题是自然诱发的，是经过较长时间自然蕴蓄过程之后才发生的，或者主要是受自然力的操纵，且人已失去控制能力情况下发生的，并使人类社会遭受一定的损害。这类环境问题包括地震、火山活动、滑坡、泥石流、台风、洪水、干旱等。面对这些问题我们应该做到预防减少损害。

8.1.2 次生环境问题

次生环境问题是人类活动作用于周围环境引起的环境问题，也称第二环境问题。主要是人类不合理利用资源所引起的环境衰退和工业发展所带来的环境污染等问题。

8.1.2.1 环境破坏

环境破坏又称生态破坏。主要是指人类的社会活动引起的生态退化及由此而衍生的有关环境效应，它们导致了环境结构与功能的变化，对人类的生存与发展产生了不利影响。环境破坏主要是由人类活动违背了自然生态规律，急功近利，盲目开发自然资源所引起的。因过度砍伐引起森林覆盖率锐减；因过度放牧引起草原退化；因滥建捕杀引起许多动物物种濒临灭绝；因盲目占地造成耕地面积减少；因毁林开荒造成水土流失和沙漠化；因地下水过度开采造成地下水漏斗，地面下沉；因其他不合理开发利用，造成地质结构破坏、地貌景观破坏等。

8.1.2.2 环境污染与干扰

环境污染是指有害物质或因子进入环境，并在环境中扩散、迁移、转化，使环境系统的结构性与功能发生变化，对人类或其他生物的正常生存和发展产生不利影响的现象。其主要是指人类活动导致环境质量下降；如大气污染、水污染、土污染、放射性污染等。这威胁着人类的健康。环境干扰指的是人类活动所排出的能量进入环境达到一定程度对人类产生不良的影响。

引起生态系统结构和功能变化而导致生态系统退化的主要原因是人类干扰活动，部分来自自然因素。但干扰是退化生态系统的最主要成因。干扰使生态系统发生退化的主要机理首先在于，在干扰的压力下系统的结构和功能发生变化。事实上，干扰不仅仅在群落的物种多样性的发生和维持中起重要作用，而且在生物的进化过程中也是重要的选择压力。在功能的过程中，干扰能减弱生态系统的功能过程，甚至使生态系统的功能丧失。干扰的强度和频度是决定生态系统退化程度的根本原因，过大的干扰强度和频度，会使生态系统退化为不毛之地。

退化生态系统是一种“病态”的生态系统，在实际工作中必须对其退化程度进行诊断和判定。在生态系统退化诊断的具体过程中，一般遵循以下流程或环节：诊断对象的选定、诊断参照系统的确定、诊断途径的确定、诊断方法的确定、诊断指标（体系）的确定等。

不同的类型：陆域生态系统的退化、水生生态系统的退化和大气生态系统的退化。其中，陆域退化生态系统的研究较多，包括以下几种：

（1）裸地（barren）或称为光板地，又可分为原生裸地（primary barren）和次生裸地（secondary barren），通常因极端的环境条件而形成，具有环境条件较为潮湿、干燥或盐渍化程度较深、缺乏甚至没有有机质、基质性移动较强等特点。

（2）森林采伐迹地（logging slash）是指人为干扰形成的退化类型，其退化的程度随采伐强度和频度而异。

（3）弃耕地（discarded cultivatedland）是指另一人为干扰形成的退化类型，其退化状态随弃耕的时间而异。

（4）沙漠（desert）可由自然干扰和人为干扰形成。荒漠化使得全球大量的耕地消失。

（5）废弃地主要包括工业废弃地、采矿废弃地、垃圾堆放场等。

（6）受损水域主要是指人为干扰（如生活和工业废水的直接排放）使得水域的功能降低。

生态系统退化后，原有的平衡状态被打破，系统的结构、组成和功能都会发生变化。退化生态系统与正常生态系统相比，具有以下几个特征：

① 生物多样性变化。常表现为生态系统的特征种类、优势种类消失，与之共生的种类也逐渐消失。物种多样性的数量可能并未有明显的变化，多样性指数可能并不下降，但多样性的性质发生变化，质量明显降低。

② 层次结构简单化。退化生态系统的种类组成发生变化，优质种群结构异常；在群落层次上常表现为群落结构的矮化、整体景观的破碎化等。

③ 食物网结构变化。由于生态系统结构受损、层次结构简单化，使得系统的食物链缩短、食物网简单化，部分链断裂和解环，单链营养关系增多，中间共生、附生关系减弱甚至消失。

④ 物质循环不良变化。退化生态系统的生物循环减弱而地球化学循环增强，同时生物多样性及其组成、结构也发生不良变化，其中最明显的是水循环、氮循环和磷循环的变化。

⑤ 能量流动出现危机和障碍。退化生态系统食物链和食物网的变化及物质循环的不良变化导致能量的转化和传递效率降低，能流规模降低，能流格局发生不良变化，能流损失也随之增多。

⑥ 系统生产力下降。由于光能利用率减弱、竞争、对资源的不充分利用等引起净初级生产力下降，从而也导致次级生产力的降低。

⑦ 生物利用和改造环境能力弱化和功能衰退。主要表现在固定、保护、改良土壤及养分能力弱化，调节气候能力削弱，水分维持能力减弱，防风固沙能力弱化，美化环境等文化环境价值降低等方面。

⑧ 系统稳定性降低。

8.1.2.3 全球退化生态系统现状

自1940年以来，由于科学技术的进步，人类生产、开发和探险的足迹遍及全球，尤其全球人口已达60亿，而且每年仍以9 000多万人的速率在递增。随着人口急剧增长、社会经济发展和自然资源的高强度开发，对生态系统的干扰已成为一个全球性的问题，也引发了一系列生态环境问题，对人类的生存和经济的发展造成了严重的威胁。

据统计，由于人类对土地的开发（主要是生境的转换）导致了全球50×10^8 hm^2以上土地的退化，使全球43%的陆地植被生态系统的服务功能受到了影响。联合国环境署的调查表明：全球有20×10^8 hm^2土地退化（约占全球有植被分布土地面积的17%），其中轻度退化的土地（恢复潜力还很大）有7.5×10^8 hm^2，中度退化的（必须经过一定的经济和技术投资才能恢复）有9.1×10^8 hm^2，严重退化的（必须经过改良才能恢复）有3.0×10^8 hm^2，极度退化的（不能进行改良）有0.09×10^8 hm^2，全球荒漠化土地有36×10^8 hm^2以上（约占全球干旱地面积的70%，约占地球陆地面积的28%），且仍以每年2 460 hm^2的速率增长，其中轻微退化的有12.23×10^8 hm^2，中度退化的有12.67×10^8 hm^2，严重退化的有10×10^8 hm^2，极度退化的有0.72×10^8 hm^2。此外，弃耕地每年还在以0.09×10^8 hm^2的速率递增。全球退化的热带雨林面积有4.27×10^8 hm^2，而且还在以每年154×10^8 hm^2的速率递增。联合国环境署估计，1978—1991年全球土地荒漠化造成的损失达3 000亿~6 000亿美元，现在每年高达423亿美元，而全球每年进行生态恢复而投入的经费达100亿~224亿美元。

8.2 生态安全危机

8.2.1 环境污染

环境污染是指人为排放的有毒有害物质，破坏了环境原有的平衡，改变了生态系统的正常结构和功能，恶化了工农业生产和人类生活环境的现象。

（1）水体污染。水体拥有自净能力，当污染物数量超过水体自净能力时，就会破坏生态环境并可能危害人体健康。

（2）固体废物。人类在生产生活过程中产生的无法利用而被丢弃的污染环境的固体、半固体废物。

（3）农药污染。性质稳定、分解缓慢、残留期长的农药落入土壤中，易在土壤中积累，造成对土壤的污染。

8.2.2 生物入侵

生物入侵是指生物由原生存地经自然的或人为的途径侵入另一个新的环境，对入侵地的生物多样性、农林牧渔业生产以及人类健康造成经济损失或生态灾难的过程。生物入侵也指某种生物从外地自然传入或人为引种后成为野生状态，并对本地生态系统造成一定危害的现象。一般而言，一国主动引进加以培养种植养殖，以便丰富国人餐桌或用于保护生态、美化环境等，不归类为生物入侵；“不是本国主动引进，对本土农业、生态环境和人畜健康产生不利影响，才能称为生物入侵”。生物入侵的渠道有自然入侵、无意引进、有意引进三种。防范外来生物入侵是一项综合性很强的工作，牵涉方方面面，也是一项必须常抓不懈的工作。

8.2.3 转基因生物

“转基因生物”一词的最初来源是英语“transgenic organisms”，因为在 20 世纪 70 年代，重组脱氧核糖核酸技术（rDNA）刚开始应用于动植物育种的时候，常规的做法是将外源目的基因转入生物体内，使其得到表达，因而在早期的英语文献中，这种移植了外源基因的生物被形象地称为“transgenic organisms”，即“转基因生物”。

随着分子生物技术的不断发展，尤其是 20 世纪 90 年代末以来，科学家们能够在不导入外源基因的情况下，通过对生物体本身遗传物质的加工、敲除、屏蔽等方法也能改变生物体的遗传特性，获得人们希望得到的性状。在此类情形下，没有转入外源基因，严格说就不能再称为转基因，称为“基因修饰”更加合适和全面，因此现在开始用“genetically modified organisms（简称 GMOs）”，即“基因修饰生物”，来代替早期的“transgenic organisms”。因此，现在我们所指的“转基因生物”，其概念已经为“基因修饰生物”所涵盖。但因为“转基因”一词已经普遍为人们所接受，而且外源基因导入仍然是目前分子生物技术在作物育种领域中所采用的主要方法之一，“转基因生物”一词就沿用至今。

8.2.4 我国生态现状

20世纪90年代以来，中华民族的生态安全，国民经济和社会事业的发展，人民群众的生产和生活，都遇到了生态恶化的严峻挑战和直接影响；有些地方出现了触目惊心的生态风险甚至生态危机。它们突出表现在以下8个方面：

（1）水资源匮乏，水污染严重。

（2）荒漠化和水土流失严重。

（3）森林资源紧缺。

（4）草原生态形势严峻。

（5）海洋生态不容乐观。

（6）大气环境恶化。

（7）生物多样性受到严重破坏。

（8）耕地面积减少，危机国家粮食安全。

我国生态环境的基本状况是：总体在恶化，局部在改善，治理能力远远赶不上破坏速度，生态赤字逐渐扩大。为了改变我国日益恶化的环境形势，应当采取刻不容缓的行动，否则，日益扩大的生态赤字将使其他领域所获得的成绩大打折扣，黯然失色。

第9章 生态监测与生态环境风险评价

9.1 环境污染的生态效应

9.1.1 污染生态效应

环境污染（environmental pollution）是指有害物质或因子进入环境，并在环境中扩散、迁移、转化，使环境系统结构和功能发生变化，对人类和其他生物的正常生存和发展产生不利影响的现象。污染物进入生态系统，参与生态系统的物质循环，势必对生态系统的组分、结构和功能产生某些影响，这种表现在生态系统中的响应即为污染生态效应（ecological effect）。这种响应的主体既包括生物个体（植物、动物、微生物和人类本身），也包括生物群体（种群和群落），甚至整个生态系统。大量研究表明，污染物对生物体的作用首先是从生物大分子开始的，然后逐步在细胞、器官、个体、种群、群落、生态系统各个水平上反映出来。通常所说的生态效应主要包括3个层次。

（1）个体生态效应。这是指环境污染在生物个体层次上的一些影响，如行为改变、繁殖能力下降、生长和发育受抑制、产量下降、死亡等。

（2）种群生态效应。污染物在种群层次上的影响，如种群的密度、繁殖、数量动态、种间关系、种群进化等的影响。

（3）群落和生态系统效应。污染物对生态系统结构和功能的影响，包括生态系统组成成分、结构以及物质循环、能量流动、信息传递和系统动态进化等。

9.1.2 污染生态效应发生的机制

由于污染物的种类不同，生态系统与生物个体千差万别，所以生态效应的发生及其机制也多种多样。总的来说，发生的机制包括物理机制、化学机制、生物学机制和综合机制。

1. 物理机制

污染物可以在生态系统中发生渗透、蒸发、凝聚、吸附、扩散、沉降、放射性蜕变等许多物理过程。伴随着这些物理过程，生态系统中某些因子的物理性质也会发生改变，从而影响到生态系统的稳定性，导致各个层次生态效应的发生。

2. 化学机制

化学机制主要是指化学污染物与生态系统中的无机环境各要素之间发生的化学作用，导致污染物的存在形式不断发生变化，其对生物的毒性及产生的生态效应也随之不断改变。如土壤中的重金属，当它们的形态不同时，产生的生态效应也往往不同。许多化合物如农药、氮氧化物、碳氢化物等在阳光作用下会发生一系列的光化学反应，产生异构化、水解、置换、分解、氧化等作用。

3. 生物学机制

生物学机制是指污染物进入生物体以后，对生物体的生长、新陈代谢、生理生化过程所产生的各种影响，如对植物的细胞发育、组织分化以及植物体的吸收机能、光合作用、呼吸作用、蒸腾作用、反应酶的活性与组成、次生物质代谢等一系列过程的影响。重要的生物机制包括生物体的富集机制和生物体的吸收、代谢、降解与转化机制。

4. 综合机制

污染物进入生态系统产生污染生态效应，往往综合了多种物理、化学和生物学的过程，并且往往是多种污染物共同作用，形成复合污染效应，比如光化学烟雾就是由氮氧化物和碳氢化合物造成的复合污染。复合污染生态效应主要包括协同、加和、拮抗、竞争、保护、抑制等作用。

9.1.3 环境污染的种群生态效应

1. 污染对种群动态的影响

污染物对种群动态的影响主要表现为种群数量的改变、种群性比和年龄结构的变化、种群增长率的改变、种群调节机制的改变等。

一般来说，污染物可以导致个体数量减少，种群密度下降；一些污染物也能够导致种群数量的增加和种群密度上升，如富营养化水体中藻类种群密度的上升。

一些污染物具有动物和人体激素的活性，这些物质能干扰和破坏野生动物和人类的内分泌功能，导致野生动物繁殖障碍，甚至能诱发人类重大疾病。这些被称为环境激素的物质能够导致一些野生动物的性别逆转。

很多种污染物可以增加生物个体的死亡率，降低其出生率，这样一方面会使种群的年龄结构趋向老化；另一方面降低了种群的增长率。当这种情况严重时，种群将趋向于灭绝，如果部分个体的死亡增加了种群中其他个体的存活概率，则种群能够达到一种新的平衡。

环境污染还可以通过改变种群的生活史进程而影响种群的动态。污染物可以作用于发育期的胚胎使其致死或致畸，可以延缓或加快生物体的生长或发育过程，还可以通过改变生物的生长模式和性成熟期等改变种群的生活史进程。

2. 污染对种间关系的影响

种间关系包括捕食、竞争、寄生和共生等。污染物通过影响生物体的生理代谢功能，使之出现各种异常生理、心理及行为反应，从而改变原有的种间关系。

污染物能够通过多种途径改变捕食者或者被捕食者的行为，对捕食的结果产生影响。污染物引起的生境破坏或者个体死亡可以导致生物机体能够获得的资源减少。污染物可以影响捕食者的神经和感觉系统，降低捕食的能力和效率。污染物还能够影响被捕食者的行为，加大它们被捕食的风险。

污染物能够改变或逆转种间竞争关系，如在非污染环境中的优势种，可能会变成污染环境中的伴生种甚至偶见种。

污染物可以影响种间的寄生关系，它们可以通过影响寄生物和寄主来破坏寄生关系，也可以通过影响与寄生物有拮抗作用和协同作用的其他有机体与寄生物的平衡而影响寄生关系。

3. 污染对种群进化的影响

环境污染是一种人为的选择压力，这种人为选择压力也对生物产生影响，导致种群的进化。生物对污染物的抗性是污染胁迫下种群进化的动力，污染胁迫下种群的进化过程实际上是抗性基因出现频率逐渐增加的过程。抗性是有机体暴露在逆境时成功进行各项固有活动的能力，生物有机体对污染物的抗性有两种基本类型：回避性和耐受性，如机体的表皮组织对大气污染物具有一定的阻挡能力就是一种回避性，而生长在重金属严重污染环境中的某些植物体内具有很高的金属含量，但是还能够正常地生长发育，这就是一种耐受性。

9.1.4 环境污染的生态系统效应

进入环境的污染物对群落与生态系统的结构和功能都会产生作用和影响。在整个生态系统内，其影响是污染物在种群、个体及个体以下的水平产生影响的集合。

1. 污染物对生态系统组成和结构的影响

污染物可以导致生态系统组成和结构的改变。当污染物进入生态系统后，常常导致生态系统中的某些因子发生变化，使生态系统的非生物组成和生物组成都发生变化。一方面，污染物质会造成生态系统中非生物环境的变化，污染物本身的引入就改变了生态系统中非生物环境组成，污染物与生态系统中的非生物组分发生化学反应也可能使环境的组成发生变化，污染物还会对某些生物体产生毒性，使这些生物的新陈代谢及其产物发生改变，从而改变非生物环境；另一方面，污染物质还会造成生态系统中生物组成的变化，污染物通常对生物具有毒性，当污染物质的数量过大，或影响时间过长时，有可能造成生态系统中某些生物种类的大量死亡甚至消失，导致生物种类的组成发生变化，使生物多样性降低。污染物质进入生态系统后，通过对生态系统组成成分等的影响，从而对生态系统的结构产生影响。

2. 污染物对生态系统功能的影响

污染物进入生态系统后，由于生态系统的结构发生了变化，生态系统的能流、物流和信息流也会发生相应的变化。

污染会影响生态系统的初级生产量，当进入环境中的污染物达到足够数量时，初级生产者会受到严重的伤害，并反映出可见症状，如伤斑、枯萎甚至死亡，导致初级生产量下降。污染物也可以通过减少重要营养元素的生物可利用性、减少光合作用、增加呼吸作用、增加病虫害胁迫等途径使初级生产量下降。

污染物还能够影响生态系统的物质循环，一方面，污染物能够在营养循环的一些作用点上影响营养物质的动态，如通过改变有机物质的分解和矿化速率、营养物质吸收状况等来影响生态系统的物质循环；另一方面，污染物还能够通过影响分解者来影响生态系统的物质循环，如重金属能抑制生态系统中的微生物种群，使有机质的分解和矿化速率降低。污染物还可以通过改变营养物质的生物有效性和循环的途径而影响生态系统的物质循环，如酸雨能够加速养分从土壤中淋失的速率，改变土壤矿物的风化速率，从而影响生态系统中的营养循环过程。

9.2 生态监测

环境污染危害监测与评价的发展历程和经验表明，要对其影响和危害做出全面、准确的评估，只进行环境要素如大气、水、土壤等介质中的化学物质或有害物理因子的测定，往往具有一定的局限性。因此，具有明显“综合性”特点的生态监测与评价方法受到了高度重视。早在1970年，生态监测就被列入了“人与生物圈计划”。近年来，随着新技术新方法的进步，生态监测有了新的内涵和发展，成为环境质量监测的重要手段。

9.2.1 生态监测的概念及特点

9.2.1.1 生态监测的概念

生态监测（ecological monitoring）是指在地球的全部或局部范围内观察和收集生命支持能力的数据并加以分析研究，以了解生态环境的现状和变化。所谓生命支持能力数据，包括生物（人类、动物、植物和微生物等）和非生物（地球的基本属性），它可以分为3种：生境（habitat）、动物群（fauna）、经济的/社会的（economic/social）。

生态监测的目的是：①了解所研究地区星态系统的现状及其变化；②根据现状及变化趋势为评价已开发项目对生态环境的影响和计划开发项目可能造成的影响提供科学依据；③提供地球资源状况及其可利用数量。

9.2.1.2 生态监测的特点

与传统环境监测不同，生态监测是对生态系统开展的全面系统监测，具有综合性、连续性、复杂性、敏感性和多尺度等特点。

1. 综合性

长期暴露于各种污染和人类活动干扰下的生物及其生态系统，不仅受到水、大气及土壤等自然生态因子和环境污染的影响，还受到人类活动的干扰，通过监测生物个体生态、种群动态、群落组成及生态系统结构功能等，可综合反映各种污染和干扰的影响。因此，生态监测可全面了解、掌握环境污染及干扰对生态系统的综合影响。

2. 连续性

生态系统中动物、植物、微生物不仅连续记录了污染物的生物吸收、分解、积累、中毒等过程，也连续记录了污染物在食物链中的迁移转化及富集放大过程，还连续记录了污染物在不同环境介质中的生物地球化学过程，因此，生态监测结果可连续反映某地区受污染或生态破坏的历史演变过程。例如，通过测定树木年轮中某种污染物的分布，可以反演大气污染的长期变化过程，植物体内污染物的累积量能真实记录污染变化的全过程。

3. 复杂性

生态系统是一个复杂的动态系统，监测对象往往受多种因素影响，自然生态因素（洪水、干旱、火灾等）及人为干扰（污染物排放、资源开发利用等）等引起的因子变化都可能对生态系统产生不同的影响，这就使生态监测具有复杂性。生态监测的复杂性主要表现在：①特定生态系统的结构与功能是各种生态因子综合作用的结果；②生态因子对生物的作用存在阶段性特点，同样的环境污染对不同生长阶段的生物影响存在差异；③生态系统存在一定的时空异质性，影响因素复杂。

4. 敏感性

生态系统从微生物到动植物，从原核生物、单细胞生物到真核多细胞生物，从生物分子、细胞、个体到种群、群落，不同生物、生物的不同生长阶段、生物生态的不同组织层次，对污染物响应的敏感性差异比较大，如一种唐菖蒲（gladiolus hybridus）在氟化物浓度为十亿分之一的环境中几小时至几天内，其叶片就会出现受害症状，而且一般幼苗比成株更加敏感。

5. 多尺度

生态监测可以分为微观生态监测和宏观生态监测。微观生态监测不仅可以测定生物分子、基因变化，也可以监测研究细胞器、细胞及生物器官的微观尺度变化，还可以监测植物光合生理过程、动物呼吸生理过程等的瞬时变化，以探讨环境污染对生物的影响。宏观生态监测不仅可以监测生物个体、种群及群落变化，也可以监测生态系统结构功能的变化，还可以利用遥感技术监测区域及全球生态变化。

9.2.1.3 生态监测的基本要求

与传统的理化监测相比，生态监测具有许多优点，但是生态监测专业性强、网络设置要求高、监测频率多变、指标体系复杂等，因此，开展生态监测必须具备以下基本条件：

1. 综合的专业知识

生态系统的复杂性、多样性及区域差异性，导致生态监测涉及面广，往往包含生物学、生态学、环境科学、地理科学、测绘学、统计学等知识，专业性较强，因此生态监测人员除了必须有娴熟的生物种类鉴定技术和生态学相关知识，还应该熟悉环境科学、遥感与地理信息系统及统计学方面的知识。

2. 稳定的监测点位

在生态监测过程中，应根据生态系统的特点、监测目标、监测要求等设置监测点位，在具体监测过程中，可按定位长期监测、专项研究型监测、污染事故生态监测等不同类型确定监测点位。对于区域或流域等重要生态系统演变过程的评价，应建立稳定的监测点位或监测网络，积累长期的监测资料，以完整评价生态系统的动态变化过程及趋势。

3. 合理的监测频率

由于生态系统是一个复杂的动态系统，其中，各种生物和非生物因子有其固有的变化周期（固有频率），如一些富营养化水体溶解氧和 pH 往往日变化非常显著，其固有频率以“小时”为单位，而藻类等浮游生物的生活史往往只有数日，其固有频率以“日”或“周”为单位；水生高等植物的生活史稍长一些，其固有频率以“月”或者“季”为单位；微型浮游生物、鱼类、底栖动物等固有变化频率差异也十分显著。因此，监测频率的设计应考虑生态系统的关键生物、关键类群、关键指标的固有频率。

4. 完整的指标体系

生态系统中各生物受气候、地质、水文等多种因子影响，群落分布具有明显的区域特征，一个地区的污染指数在另一个地区的同样污染区可能并不会出现。如果对不同的生态系统采用同一标准，或者完全照搬别人的监测指标往往会提供错误的信息，所以有必要建立区域性生态监测指标体系及评价标准，不同生态系统应选择不同的监测指标体系和评价标准。

5. 科学的监测方法

生态监测专业性强、技术要求高，在进行生态监测时，要求专业监测人员既要严格遵照国际、国家规定的监测方法和标准，又要在监测过程中建立一套因地制宜、行之有效的监测方法。对监测过程要进行全面的质量控制，保证数据的可靠性，同时监测结果要编制成专业文件，并建立生态监测信息库，利用计算机和 3S 技术为生态环境监测信息管理动态化、宏观化提供了一种新的技术手段。在监测过程中建立管理有序、技术规范和信息共享的网络，通过不同时间和空间格局下的生态监测使决策者有可能迅速、准确地了解较大范围的生态环境现状和形成一个信息互联网络，了解发展变化趋势。

9.2.2 生态监测的分类

根据生态监测的对象和空间尺度，可分为宏观生态监测和微观生态监测。

宏观生态监测是指对区域范围内各类生态系统的组合方式、镶嵌特征、动态变化和空间分布格局等及其在人类活动影响下的变化情况进行观察和测定。例如，热带雨林、沙漠化生态系统、湿地生态系统等。宏观生态监测的地域等级从小的区域生态系统扩展到全球。其监测手段主要利用遥感技术、生态图技术、区域生态调查技术及生态统计技术等。宏观生态监测一般在原有的自然本底图和专业图件的基础上进行，所得的几何信息多以图件的方式输出，从而建立地理信息系统（GIS）。

微观生态监测是指对某一特定生态系统或生态系统聚合体的结构和功能特征及其在人类活动影响下的变化进行监测。微观生态监测通常以物理、化学及生物学的方法提取生态系统各个组分的信息。根据监测的具体内容，微观生态监测可分为4种。

（1）干扰性生态监测。通过对生态因子的监测，研究人类生产生活对生态系统结构和功能的影响，分析生态系统结构对各种干扰的响应。

（2）污染性生态监测。监测生态系统中主要生物体内的污染物浓度以及敏感生物对污染的响应，了解污染物在生态系统中的残留蓄积、迁移转化、浓缩富集规律及响应机制。

（3）治理性生态监测。受破坏或退化的生态系统实施生态修复重建过程中，为了全面掌握修复重建的实际效果、恢复过程及趋势等，对其主要的生态因子开展监测。

（4）环境质量现状评价生态监测。通过对生态因子的监测，获得相关数据资料，为环境质量现状评价提供依据。

9.2.3 生态监测的理论依据与指标体系

9.2.3.1 生态监测的理论依据

1. 生态监测的基础——生命与环境的统一性和协同进化

生命及生态系统在其发展进化过程中不断地改变着环境，形成了生物与环境间的相互补偿和协同发展的关系。因此，生物的变化既是某一区域内环境变化的一个组成部分，同时又可作为环境改变的一种指示和象征。

2. 生态监测的可能性——生物适应的相对性

生物的适应具有相对性，相对性是指生物为适应环境而发生某些变异。另外，生物适应能力不是无限的，而是有一个适应范围（生态幅），超过这个范围，生物就表现出不同程度的损害特征。所以，群落的结构特征参数，如种的多样性，种的丰度、均匀度以及优势度和群落相似性等常被选作生态监测的指标。

3. 污染生态监测的依据——生物的富集能力

通过生物富集，重金属或某种难分解物质在食物链的不同营养级的生物体内不断积累，由低营养级到高营养级的生物体内污染物浓度逐步升高；同一营养级的生物，随着个体发育，生物体内的污染物浓度也不断上升。系统的生态过程使某些有害物质在生态系统中得到传递和放大。当这些物质超过生物所能承受的浓度后，将对生物乃至整个群落造成影响或损伤，并通过各种形式表现出来。因此，污染的生态监测就是以此为依据，分析和判断各种污染物在环境中的行为和危害。

4. 生态监测结果的可比性——生命具有共同特征

生命系统、生态系统具有许多共同特征，这使生态监测结果具有可比性。如各种生物的共同特征决定了生物对同一环境因素变化的忍受能力有一定的范围，即不同地区的同种生物抵抗某种环境压力或对某一生态要素的需求基本相同。同时，生态系统基本结构和功能的一致性也使生态监测具有可比性。可以根据系统结构是否缺损、能量转化效率、污染物的生物富集和生物放大效应等指标，判断分析环境污染及人为干扰的生态影响。

9.2.3.2 生态监测的指标体系

生态监测指标体系主要是指一系列能敏感清晰地反映生态系统基本特征及生态环境变化趋势并相互印证的项目。

1. 生态监测指标体系遵循原则

一般来讲，选择与确定生态监测指标体系应遵循以下几个方面的原则：

（1）代表性。指标应能反映生态系统的主要特征，表征主要的生态环境问题。

（2）敏感性。对特定环境污染或感染敏感，并以结构和功能指标为主反映生态过程变化。

（3）综合性。完整反映生态系统的时空变化特征。

（4）可行性。易于准确测定，便于分析比较。

（5）可比性。同类生态系统在不同区域或不同发育阶段具有可比性。

（6）层次性。生态系统内由生物个体到宏观系统，由基层一般性监测部门到专业性监测研究部门，应有要求不同、层次分明的指标体系。

针对不同生态类型，指标体系有所不同。其中，陆地生态系统如森林生态系统、草地生态系统、农田生态系统、荒漠生态系统以及城市生态系统等，重点监测内容应包括气象、水文、土壤、植物生长发育、植被组成以及动物分布等；水域生态系统包括淡水生态系统和海洋生态系统，重点监测内容主要有水动力、水文、水质以及水生生物组成及生长发育等。

对生态系统进行监测，一般应设置包含气象、水文、土壤、植物、动物、微生物等常规监测指标（表9-1）以及重点监测指标和应急监测指标（包括自然和人为因素造成的突发性生态问题）。针对不同类型的生态系统，重点监测指标也有所不同，表9-2列举了不同类型生态系统监测过程中的特殊监测指标。

表9-1 生态系统常规监测指标

要素	常规指标
气象	气温、湿度、主导风向、风速、年降水量及其时空分布、蒸发量、土壤温度梯度、有效积温、大气干湿沉降物的 量及其化学组成、日照和辐射强度等
要素	常规指标
水文	地表水化学组成、地下水水位及化学组成、地表径流量、侵蚀模数、水温、水深、水色、透明度、气味、pH、油 类、重金属、氨氮、亚硝酸盐、酚、氰化物、硫化物、农药、除莠剂、COD、BOD、异味等
土壤	土壤类别，土种、营养元素含量，pH，有机质含量，土壤交换当量，土壤团粒构成，孔隙度，容重，透水率，持水 量，土壤 CO_2、CH_4释放量及其季节动态，土壤微生物，总盐分含量及其主要离子组成含量，土壤农药、重金属 及其他有毒物质的积累量等
植物	植物群落及高等植物、低等植物种类、数量，种群密度，指示植物，指示群落，覆盖度，生物量，生长量，光能利用率，珍稀植物及其分布特征以及植物体、果实或种子中农药、重金属、亚硝酸盐等有毒物质的含量，作物灰分，粗蛋白，粗脂肪，粗纤维等

续表

要素	常规指标
动物	动物种类，种群密度，数量，生活习性，食物链，消长情况，珍稀野生动物的数量及动态，动物体内农药、重金 属、亚硝酸盐等有毒物质的富集量等
微生物	微生物种群数量、分布及其密度和季节动态变化，生物量，热值，土壤酶类与活性，呼吸强度，固氮菌及其固 氮量，致病细菌和大肠杆菌的总数等
底质要素	有机质、总氮、总磷、pH、重金属、氖化物、农药、总汞、甲基汞、硫化物、COD、BOD 等
底栖生物	动物种群构成及数量、优势种及动态、重金属及有毒物质富集量等
人类活动	人口密度、资源开发强度、生产力水平、退化土地治理率、基本农田保存率、水资源利用率、有机物质有效利用率、工农业生产污染排放强度等

（引自付运芝等，2002）

表 9-2　不同类型生态系统特殊监测指标

生态系统类型	重点监测指标
湿地生态系统	大气干湿沉降物及其组成、河水的化学成分、泥沙及底泥的颗粒组成和化学成分、土壤矿质含量、珍稀生物的数量及危险因子、湿地生物体内有毒物质残留量等
森林生态系统	全球气候变暖所引起的生态系统或植物区系位移的监测，珍稀濒危动植物物种的分布及其栖息地的监测
草地生态系统	沙漠化面积及其时空分布和环境影响的监测，草原沙化退化面积及其时空分布和环境影响的监测，生态脆弱带面积及其时空分布和环境影响的监测，水土流失、沙漠化及草原退化地优化治理模 式的生态平衡的监测
农田生态系统	农药化肥施用量、残留量所造成的食品安全监测
湖泊生态系统	水体营养物质、藻类等对湖泊、水库和海洋生态系统结构和功能影响的监测
河流生态系统	污染物对河流水体水质、河流生态系统结构和功能影响的监测
矿业工程开发对生态环境的影响	地面沉降，SO_2、CO_2、烟尘、粉尘、氯化物、总悬浮颗粒物含量，采矿废物产生量、排放量、回填处置量、堆存量、采矿废物的化学成分对周围土壤、地表水、地下水、空气环境的影响，地面震动频率、速率、振幅等

（引自李洪远等，2011）

9.3　生态影响评价

9.3.1　生态影响评价的概念

生态环境评价一般分为生态环境质量评价和生态影响评价。

生态环境质量评价主要考虑生态系统属性信息，是指根据选定的指标体系，运用综合评价的方法评定某区域生态环境的优劣，作为环境现状评价或环境影响评价的参考标准，或为环境规划和环境建设提供基本依据。例如，野生生物种群状况、自然保护区的保护价值、栖息地适宜性与重要性评价等，都属于生态环境质量评价。生态环境评价一般包括资源评价在内。

生态影响评价（ecological impact assessment）是指对人类开发建设活动可能导致的生态影响进行分析与预测，并提出减少影响或改善生态环境的策略和措施。例如，分析某生态系统的生产力和环境服务功能，分析区域主要的生态环境问题，评价自然资源的利用情况和评价污染的生态后果，以及某种开发建设行为的生态后果，都属于生态影响评价的范畴。

环境影响评价是我国的一项重要的环保制度。一般来说，环境影响评价包含生态影响评价在内，但现行的环境影响评价以污染影响评价为主，其生态影响评价的内容不全，深度不够，与实际需要进行的生态影响评价尚有较大差距，而且二者在诸多方面是不同的。

9.3.2 生态影响评价的程序

生态影响评价的基本程序与环境影响评价是一致的，可大致分为生态影响识别、现状调查与评价、影响预测与评价、提出减缓措施和替代方案 4 个步骤。

生态影响评价首先要进行开发建设项目所在区域的生态环境调查、生态影响分析及现状评价，在此基础上有选择、有重点地对某些生态系统的影响做深入研究，对某些主要生态因子的变化和生态环境功能变化做定量或半定量预测计算，以把握开发建设活动导致的生态系统结构变化、相应的环境功能变化以及相关的环境与社会性经济后果。评价过程中应特别重视以下 4 个环节：

（1）选定影响评价的主要对象（受影响的生态系统）和主要评价因子。

（2）根据评价的影响对象和因子选择评价方法、模式、参数并进行计算。

（3）研究确定评价标准，进行主要生态系统和主要环境功能的影响评价。

（4）进行社会、经济和生态环境相关影响的综合评价与分析。

9.3.3 生态影响评价的内容

1. 人类活动的生态影响

人类活动对生态环境的影响可分为物理性作用、化学性作用和生物性作用 3 类。

物理性作用是指因土地用途改变、清除植被、收获生物资源、分割生境、改变河流水系、以人工生态系统代替自然生态系统，使生态系统的组成成分、结构形态或生态系统的外部支持条件发生变化，从而导致系统的结构和功能发生变化。

化学性作用是指环境化学污染造成的效应。例如，水中的重金属、有机耗氧物质对水生生物的影响。化学性作用有的是直接毒杀作用，有的是间接改变生物生存条件（如土壤板结、水质恶化）所致；有的是急性作用，有的是缓慢的累积影响。

生物性作用主要是指人为引入外来物种导致的生态影响。外来物种导致的生态影响有时会表现得十分严重。孤立生境（如岛屿）和封闭生境（如内陆湖泊）应特别注意外来物种的引入问题。

2. 生态影响对象的敏感性分析

影响对象的敏感性是指生态影响分析中极其重要的内容，对于敏感性高的保护对象进行影响分析应包括以下主要内容：①保护意义或保护价值的认定；②明确保护目标的性质、特点、法律地位和保护要求；③分析拟开发建设活动对敏感目标的影响途径、影响方式、影响程度和可能后果。

3. 生态环境效应分析

所谓生态环境效应，是指生态系统受到某种干扰后所产生的变化。生态环境效应依外力作用的方式、强度、范围的大小、时间的长短等会产生很大的差异。在进行生态环境影响评价时，应对生态环境效应进行判别，其内容包括生态效应的性质、程度、特点分析、相关性分析、可能性分析、生态影响评价指标选择。

9.3.4 生态影响评价的方法

生态影响评价方法尚不成熟，各种生物学方法都可借用生态影响评价。

1. 图形叠置法

该方法也称为生态图法，它采用把两个或更多的环境特征重叠表示在同一张图上，构成一份复合图（也叫生态图），用以在生态影响所及范围内指明被影响的生态环境特征及影响的相对范围和程度。生态图法主要应用于区域环境影响评价。

2. 列表清单法

该方法是将实施开发建设项目的影响因素和可能受影响的影响因子，分别列在同一张表格的行与列内，并以正负号、其他符号、数字表示影响性质和程度，在表中逐点分析开发建设项目的生态环境影响。该方法使用方便，是一种定性分析方法。

3. 生态机理分析法

这种方法的主要目的是评价开发项目及开发过程对植物生长环境的影响，以及判断项目对动物和植物的个体、种群、群落产生影响的程度。

4. 类比法

类比法就是将两个相似的项目，或者两个项目中相似的某个组成部分进行比较，以判定其生态影响程度的方法。类比法属于一种比较常用的定性与定量相结合的评价方法，可分为整体类比和单项类比两种。在实际生产中，由于很难有完全相似的两个项目，因此单项类比法更实用。

5. 综合指标法

综合指标法方法也叫环境质量指标法。该方法需要首先确定环境因子的质量标准，然后根据不同标准规定各个环境质量指标的上下限。具体方法是通过分析和研究环境因子的性质及变化规律，建立生态环境评价的函数曲线，将这些环境因子的现状值（项目建设前）与预测值（项目建设后）转换为统一的无量纲的环境质量指标，由好至差赋以 1~0 的数值，由此可计算出项目建设前、后各因子环境质量指标的变化值。然后，根据各因子的重要性赋予权重，就可以得出项目对生态环境的综合影响。

6. 系统分析法

这是一种多目标动态性问题的分析方法，经常应用于区域规划或解决多方案的优化选择问题上。在生态系统质量评价中使用系统分析的具体方法有专家咨询法、层次分析法、模糊综合评价法、综合排序法、系统动力学、灰色关联等方法，这些方法原则上都适用于生态环境影响评价。

7. 景观生态学方法

景观生态学方法是目前普遍应用于生态系统现状评价和影响预测的方法。这种方法的普遍应用得益于信息采集手段的先进性和有效性。

另外，生态影响评价方法还包括生产力评价法、生物多样性定量评价和栖息地评估程序等。

9.4 生态风险评价

9.4.1 生态风险评价的概念

生态风险评价（ecological risk assessment）是指借用风险评价的方法，确定各种环境污染物（包括物理、化学和生物污染物）对人类以外的生物系统可能产生的风险及评估该风险可接受程度的体系与方法。生态风险评价的核心是评估土壤、大气、水体环境的变化或通过食物链传递的变化和影响所引起的非愿望效应，重点是评估环境危害对自然环境可能产生的影响及其变化的程度。

生态风险评价包括预测性风险评价和回顾性风险评价。生态风险评价可以在一个较小的范围内进行，称作点位风险评价，也可以在一个较大的范围内进行，称为区域风险评价。

近年来，生态风险评价主要侧重于进行面源污染影响的风险评价，特别是人们认识到了人类自身是全球生态系统的组成部分，生态系统发生的不良改变可以直接或通过食物链途径间接影响或危害人类自身的健康，因此通过科学的和定量的生态风险评价，能为保护和管理生态环境提供科学依据。

9.4.2 生态风险评价的步骤

生态风险评价的步骤一般包括4个环节，即危险性的界定（也就是问题的提出）、生态风险的分析、风险表征和风险管理。

危险性的界定，主要是指通过了解所评价的环境特征及污染源情况，做出是否需要进行生态风险评价的判断。如果需要进行生态风险评价，则首先要科学地选定评价结点。所谓生态风险评价结点，就是指由风险源引起的非愿望效应。生态风险评价结点的选择，一般应考虑3个方面的因素：问题本身受社会的关注程度、具有生物学重要性和实际测定的可行性。其中，具有社会和生物学重要性的结点应是优先考虑的问题。例如，杀虫剂引起鸟类死亡、酸雨引起的鱼类死亡等都是典型的结点。

生态风险的分析，则需要进行暴露评价与效应评价。要通过收集有关数据，建立适当的模型，对污染源及其生态效应进行分析和评价。

风险表征就是将污染源的暴露评价与效应评价的结果结合起来加以总结，评价风险产生的可能性与影响程度，对风险进行定量化描述，并结合相关研究提出生态评价中的不确定因素的结论。风险管理是决策者或管理者根据生态风险评价的结果，考虑如何减少风险的一种独立工作。风险管理者一般除了要考虑来自生态风险评价得出的结论，判断生态风险的可接受程度以及减少或阻止风险发生的复杂程度外，还要依据一些相应的环境保护法律法规以及社会、技术、经济因素来综合做出决策。因此，严格来说，风险管理不属于生态风险评价的范围，但是要使生态风险评价的结果充分发挥作用，需要生态风险评价者、风险管理者或决策者彼此合作、良好互动。

9.4.3 生态风险评价的基本方法

生态风险评价的核心内容是定量地进行风险分析、风险表征和风险评价，因此应设计能定量描述环境变化及其产生影响的程序与方法。在生态风险评价中主要应用数值模型作为评价工具，归纳起来有以下 3 类模型：

1. 物理模型

物理模型是通过实验手段建立的模型，通常采用实验室内各种毒性试验数据或结果，研究建立相应的效应模型，来表达通常在自然状态下不易模拟的某种过程或系统。污染源及其受纳水体的反应数据也可作为评价的依据。预测某个水库是否会发生富营养化，就常常利用附近类似的、已发生富营养化水库的资料，即应用类比研究的方法进行评价。渔业科学家提出的有些数据模型和计算机的处理与模拟技术也可用于评价污染对鱼类资源可能产生影响的生态风险评价中。

2. 统计学模型

统计学模型应用回归方程、主成分分析和其他统计技术来归纳和表达所获得的观测数据之间的关系，做出定量估计，如毒性试验中的剂量—效应回归模型和毒性数据外推模型。统计学模型只是总结了变量之间的关系，没有解释现象中的机理关系，利用统计学模型可主要进行假设检验、描述、外推或推理。

3. 数学模型

数学模型主要用于定量地说明某种现象与造成此现象的原因之间的关系，是一类可以阐述系统中机制关系的机理模型。数学模型能综合不同时间和空间观测到的资料，可根据易于观察到的数据预测难以观察或不可能观察到的参数变化，能说明各种参数之间的关系，以提供有价值的信息，因此利用数学模型来阐述评价系统内的因果关系，是生态风险评价不可缺少的方法。用于生态风险评价的数学模型有两类，即归宿模型和效应模型。

（1）归宿模型。模拟污染物在环境中的迁移、转化和归宿等运动过程，包括生物与环境之间的交换、生物在食物链（网）中迁移、积累等的各种模型。

（2）效应模型。模拟风险源引起的生态效应，如模拟污染物质对生物的影响与胁迫作用，二氧化碳浓度增高引起增温效应，或者是人类开发环境引起的效应等。效应模型一般可在个体、种群、群落与生态系统3个层次进行模拟。

不确定性是生态风险评价的主要特点。不确定性的影响因素主要有3个方面：自然界固有的随机性、人们对事物认识的片面性、实验和评价处理过程中的人为误差，即自然差异、参数误差和模型误差。因此，建立和选择模型的过程中，应尽量减少不确定性，提高模拟精度，并且应采用现实的、相对准确的模型来定量描述这些不确定性是生态风险评价的核心。通常，在生态风险评价中专家的判断和意见常常有重要的作用，并且在可能的情况下，采用多种方法或途径进行生态风险评估结果的比较，这有助于提高模拟结果的可信赖度。

第10章 生态系统服务与对策

10.1 生态系统服务的概念

生态系统服务的概念是随着生态系统结构、功能及其生态过程深入研究而逐渐提出并不断发展的。生态系统服务是人类直接或者间接从生态系统中获得的惠益。国内绝大多数学者认为生态系统服务是指生态系统与生态过程所形成及所维持的人类赖以生存的自然效用。它不仅为人类提供食物、医药和其他生产生活原料，还创造与维持了地球的生命支持系统，形成了人类生存所必需的环境条件，同时为人类生活提供了休闲、娱乐与美学享受。

生态系统服务是指生态系统与生态过程所形成及所维持的人类赖以生存的自然环境条件和效用。人类直接或间接地从生态系统获得的利益，主要包括向经济社会系统输入有用物质和能量、接受和转化来自经济社会系统的废弃物，以及直接向人类社会成员提供服务（如人们普遍享用的洁净空气、水等舒适性资源）。生态系统是生命支持系统，是人类经济社会赖以生存发展的基础，人造资本和人力资本都需要依靠自然资本来构建。生态系统服务和自然资本对人类的总价值是无限大的。生态系统服务是指对人类生存和生活质量有贡献的生态系统产品和服务。

生态系统服务包括提供人类生活消费的产品和保证人类生活质量的功能。植物利用太阳能，将CO_2等物质转化为生物量，用作人类的食品、燃料、原料及建筑材料等，是生态系统产品形成的基本途径。与生态系统产品相比，生态系统功能对人类的影响更加深刻和广泛（表10-1）。

表10-1　生态系统服务项目一览表

序号	生态系统服务	生态系统功能	举例
1	气体调节	大气化学成分调节	CO_2/O_2平衡，O_3防紫外线，SO_X水平
2	气候调节	全球温度、降水及其他由生物媒介的全球及地区性气候调节	温室气体调节，影响云形成的DMS产物

续表

序号	生态系统服务	生态系统功能	举例
3	干扰调节	生态系统对环境波动的容量、衰减和综合反应	风暴防止、洪水控制、干旱恢复等生境对主要受植被结构控制的环境变化的反应
4	水调节	水文流动调节	为农业、工业和运输提供用水
5	水供应	水的储存和保持	向集水区、水库和含水岩层供水
6	控制侵蚀和保持沉积物	生态系统内的土壤保持	防止土壤被风、水侵蚀，把淤泥保持在湖泊和湿地中
7	土壤形成过程	土壤形成过程	岩石风化和有机质积累
8	养分循环	养分的储存、内循环和获取	固氮，N、P 和其他元素及养分循环
9	废物处理	易流失养分的再获取，过多或外来养分、化合物的去除或降解	废物处理，污染控制，解除毒性
10	传粉	有花植物配子的运动	提供传粉者以便植物种群繁殖
11	生物防治	生物种群的营养动力学控制	关键捕食者控制被食者种群，顶级捕食者使食草动物减少
12	避难所	为常居和迁徙种群提供生境	育雏地、迁徙动物栖息地、当地收获物种栖息地或越冬场所
13	食物生产	总初级生产中可用作食物的部分	通过渔、猎、采集和农耕收获的鱼、鸟兽、作物、坚果、水果等
14	原材料	总初级生产中可用作原材料的部分	木材、燃料和饲料产品
15	基因资源	独一无二的生物材料和产品的来源	医药、材料科学产品，用于农作物抗病和抗虫的基因，家养物种（宠物和植物栽培品种）
16	休闲娱乐	提供休闲旅游活动机会	生态旅游、钓鱼运动及其他户外游乐活动
17	文化	提供非商业性用途的机会	生态系统的美学、艺术、教育、精神及科学价值

（引自蔡晓明，2002）

10.2 生态系统服务的主要内容

10.2.1 生态系统的生产

生态系统的初级生产和次级生产为人类提供几乎全部的食品和工农业生产的原料。据统计，已知约有 8 万种植物可食用，人类历史上仅用了约 7 000 种。人类蛋白质来源不少是直接取自自然系统的，直接进入人类的社会经济生活。生态系统中许多植物是重要的药物来源。自然植被、水体和土壤等为鸟、兽、虫、鱼提供了必要的栖息环境，形成生态系统立体式网络结构，从而提供了多种服务。

10.2.2 产生和维持生物多样性

生态系统不仅为各类生物物种提供繁衍生息的场所，而且为生物进化及生物多样性的产生与形成提供了条件。同时，生态系统通过生物群落的整体创造了适宜生物生存的环境。同物种不同种群对气候因子的扰动与化学环境的变化具有不同的抵抗能力，多种多样的生态系统为不同种群的生存提供了场所，从而可以避免因某一环境因子的变动而导致物种的灭绝，并保存了丰富的遗传基因信息。

10.2.3 传粉、传播种子

植物靠动物传粉（pollination）是互惠共生的特化形式。在已知繁殖方式的 24 万种植物中，约有 22 万种植物（包括农作物）需要动物帮助。动物主要是野生动物，参与授粉的有 10 万种以上，从蜂、蝇、蝶、蛾、甲虫和其他昆虫，到蝙蝠和鸟类。农作物中约有 70%的物种需要动物授粉。有些动物具有储存和埋藏食物的行为，许多植物就依赖此种方式完成种子的扩散和传播。结有甜味果类的植物常依赖于动物播种。许多植物物种分布区的扩大和局部种群的恢复都取决于动物的活动。

10.2.4 控制有害生物

有害生物是指与人类争夺食物、木材、棉花及其他农林产品的生物。在自然生态系统中，有害生物往往受到天敌的控制，它们的天敌包括其捕食者、寄生者和致病因子，例如鸟类、蜘蛛、瓢虫、寄生蜂、寄生蝇、真菌、病毒等。自然系统的多种生态过程维持供养了这些天敌，限制了潜在有害生物的数量。许多现代农业施用大量农药，在杀伤有害生物的同时也会杀伤它们的天敌和其他有益生物。有害生物产生抗药性，又可以在缺乏天敌的情况下再次暴发，迫使人们更多地施用农药。这样会导致过度使用农药和依赖农药的恶性循环。

10.2.5 保护和改善环境质量

植物和微生物在自然生长过程中吸附周围空气中或者水中的悬浮颗粒和有机的、无机的化合物，把它们吸收、分解、同化或者排出。动物则对活的或死的有机体进行机械的或生物化学的切割和分解，然后把这些物质加以吸收、加工、利用或者排出。生物在自然生态系统中进行新陈代谢的循环过程，保证了物质在自然生态系统中的循环利用，有效地防止了物质的过度积累所形成的污染。空气、水和土壤中的有毒物质经过这些生物的吸收和降解得以消除或减少，环境质量得到改善。

10.2.6 土壤形成及其改良

土壤是自然生态系统经过成千上万年生物和物理、化学过程而形成的，并由整个生态系统维持更新。土壤是植物生长的基质和营养库，每块土壤都在不断地进行着物质循环和能量流动。土壤提供了植物生活的空间、水分和必需的矿质元素。

土壤生物是土壤积极的改良者。土壤中最多的生物是微生物，估计现在已知菌种的50%以上栖息于土壤之中。有些土壤细菌可吸收空气中的氮元素，转化为植物可以吸收的状态。土壤动物是最重要的土壤消费者和分解者。在土壤中存在的主要动物种类有数千种，很多是节肢动物，非节肢动物主要是线虫和蚯蚓。

10.2.7 减缓干旱和洪涝灾害

森林和植被在减缓干旱和洪涝灾害中起着重要作用，成为水利的屏障。在降雨时，植被的枝叶树冠截流约65%的雨水，减少了雨点对地面的直接冲击，约35%的雨水变为地下水，植被的根系深扎于土层之中，这些根系和植物枝叶支持和充实土壤肥力，并且吸收和保护了水分。湿地草根层和泥炭层具有很高的持水能力，它能够削减洪峰的形成和规模。湿地为江河和溪流提供水源，有助于区域水的稳定。

10.2.8 净化空气和调节气候

绿色植物有防治大气污染、净化空气的功能。树叶表面绒毛有的还能分泌黏液、油脂，可吸附大量飘尘。一些植物在生长过程中，能挥发出肉桂油、柠檬油和天竺葵油等多种杀菌物质，杀死多种病原菌。

自然生态系统在全球、区域、流域和小生境等不同的空间尺度上影响着大气和气候。细菌、藻类和植物的繁衍，致使氧气在大气中富集，创造了生物进一步生存和发展的必要条件，氧化强度也决定着许多物质的生物地化循环，氧浓度微小变化可导致全球物质循环的显著变化。植被在生长过程中，从土壤吸取水分，通过叶面蒸腾，把水蒸气释放到大气中，改变了当地温度、云量和降雨，增加了水循环。而森林砍伐会使降雨量降低。云量的增加也影响辐射和大气的热量交换，具有调节气候的作用。

10.2.9 休闲、娱乐

自然中洁净的空气和水，有助于人的身心健康，使人的性格和理性智慧得以丰富而健康的发展。不少野生动物以其形色、姿态、声韵或优异的习性给人以精神享受，增加生活情趣。拥有千姿百态的绿色植物风景区是人们娱乐、疗养的好地方。野生动物对旅游贸易具有吸引力，旅游者希望看到保存完整的原始自然状态和自然生境中野生动物壮观的场面。

10.2.10 精神文化的源泉

自然生态环境深刻地影响着人们的美学倾向、艺术创造和宗教信仰。自然是人在精神上高层次追求和发展的重要源泉。人类对自然的好奇心是科学技术和宗教发展的永恒动力。多种多样的生态系统养育了文化精神生活的多样性。自然是美学的重要研究对象和艺术表现的无尽源泉，美感常同丰富的资源条件相伴。一些宗教，特别是历史久远的佛教、道教等东方宗教，建寺庙于沧海之滨、高山之巅，重视和强调人与自然的和谐。

10.3 生态系统服务的价值评估

10.3.1 生态系统服务价值的特征

生态系统具有直接的使用价值，如粮食、果品、林木等，还表现出水土保持、调节气候、防风固沙和休闲娱乐等生态效益。这种由生物资源和环境资源结合起来形成的“生态资源”所产生的生态效益，具有以下特征：

（1）整体的有用性。生态资源的使用价值不是单个或部分要素对人类社会的有用性，而是各个组成要素综合成生态系统以后所表现出的整体有用性，这与那些单个要素直接或间接地转化为商品的有用性完全不同。如森林生态系统，其使用价值表现在改良土壤、涵养水源、调节气候、净化大气和美化环境等方面，这是森林植被与野生动物和土壤微生物等综合为一个有机的森林生态系统之后所表现出来的，而绝非单个系统要素所具有的功能。

（2）空间固定性。生态系统是在某些特定地域形成的，因而生态资源均具有一定的地域性，其使用价值一般只能在相应的地域及其影响的范围内发生作用，具有地域性，而一般商品则不受空间和位置的限制。

（3）用途多样性。一般的商品使用价值比较单一，而生态资源的使用价值则具有多样性。例如，森林生态系统在提供木材产品的同时，还具有调节气候、保持水土、固定二氧化碳和观赏旅游等多种用途。

（4）持续有效性。一般商品的使用价值在经过一定时期的消耗后便会丧失，而生态资源只要利用适度，其多种使用价值可以长期存在和永续利用。

（5）共享性。生态资源使用价值的生产者与非生产者、所有者与非所有者都可共享生态资源的使用价值。这主要由于生产者和所有者及其生产活动必须在一定的地域生态环境中进行；虽然生态资源的使用价值可以超出一定的空间范围发挥其作用，但生产者和经营者对它的经营范围和所有范围的控制力是有限的；因此不管所有者是否同意，非所有者和所有者均可以共享其使用价值。一般商品的使用价值不能共享。

（6）负效益性。人类在生态系统中投入越来越多的劳动，但如果投入不当，就会使生态系统恶化或污染，这时生态资源的使用价值又可表现为负效益性。例如，河流上游垦荒使下游河水泛滥，森林过度砍伐造成水土流失，甚至逐渐演化为荒漠等，都是负效益性的表现。

10.3.2 生态系统服务价值的评估类型

生态系统服务的多价值性源于它的多功能性。环境资源的价值分为使用价值和非使用价值，在使用价值中包括直接使用价值、间接使用价值和选择价值；非使用价值中包括遗产价值和存在价值。

（1）直接价值主要是指生态系统产品所产生的价值，包括食品、医药及其他工农业生产原料、景观娱乐等带来的直接价值。按产品形式分为显著实物型直接价值和非显著实物型直接价值。显著实物型直接价值以生物资源提供给人类的直接产品形式出现。非显著实物型直接价值体现在生物多样性为人类所提供的服务上，虽然无实物形式，但仍然可以感觉且能够为个人直接消费。

（2）间接价值主要是指无法商品化的生态系统服务功能，如维持生命物质的生物地球化学循环与水文循环，维持生物物种与遗传多样性，保护土壤肥力，净化环境，维持大气化学的平衡与稳定，支撑与维持地球生命支持系统的功能。一般情况下，间接价值主要指与生命支持系统相关的生态服务。由于生态系统的功能价值趋向于对地方或社会服务，而不仅仅是对某一个人或法人实体的价值反映，因此，其生态效益的价值计算起来往往高于直接价值。但由于作为一种非实物性和非消耗性的价值，不能反映在国家的收益账目中。

（3）选择价值是指人们为了将来能直接利用与间接利用某种生态系统服务功能的支付意愿。如果使用货币来计算选择价值，则相当于人们为确保自己或别人将来能利用某种资源或获得某种效益而预先支付一笔保险金。例如，人们为确保将来能利用某一森林在涵养水源、保护土壤、净化大气、固定二氧化碳、释放氧气以及生态旅游等方面的效益，而愿意现在支付一定的保护费用。这种支付意愿的数值相当于某一森林的选择价值。选择价值的支付意愿可分为3种情况：为自己将来利用，为子孙后代将来利用（遗产价值），为他人将来利用（替代消费）。

（4）遗产价值是指当代人将某种资源保留给子孙后代而自愿支付的费用。遗产价值还体现在当代人为他们的后代将来能受益于某种资源存在的知识而自愿支付其保护费用。例如，他们为使后代知道海洋中拥有鲸、喜马拉雅山拥有雪豹、中国拥有大熊猫以及巴西亚马逊河拥有大量热带雨林等，自愿捐献钱物。遗产价值反映了代际间利他主义动机和遗产动机，可表述为代际间“替代消费”和代际间利他主义。

（5）存在价值也被称作内在价值，是指人们为确保某种资源继续存在（包括其知识存在）而自愿支付的费用。存在价值是资源本身具有的一种经济价值，是与人类利用与否（包括现在利用、将来利用和选择利用）无关的经济价值，也与人类存在与否无关，即使人类不存在，资源的存在价值仍然在现实生活中存在。

10.3.3 生态系统服务价值的评估方法

生态经济学家根据生态系统提供的各项价值并结合环境经济学，逐步确立了一些生态系统功能价值的评估方法，并运用这些评估方法对大量的实例进行生态价值评估，取得了大量的成果。因为生态系统的复杂性和整体性，每一种评估方法都有最佳的使用环境和使用要求，为使评估结果更具真实性和科学性，就必须先了解目前评估方法的概括、步骤和使用范围及局限性。

目前，关于生态系统服务价值的评估方法可以分为 4 大类，即市场化评估法、显示偏好法、效益转移法和状态偏好法。市场化评估法以成本收益分析为理论依据，包括基于市场价格的方法、基于成本的方法和基于生产的方法，这类方法根据生态产品的价格、成本和生产过程进行估值，估值结果相对准确，但容易受到市场不完全和政府干预导致市场扭曲的影响，还有可能导致重复计算。显示偏好法包括旅行成本法和内涵价格法。效益转移法的核心思想是找出最适于评估对象的单位价值，根据评估对象的人口或土地类型进行价值加总得出某区域生态系统服务的总经济价值。状态偏好法主要包括条件价值法、选择实验法等，其中又以条件价值法的应用最为广泛和成熟。生态系统服务价值评估方法的具体分类及其优劣势详见表 10-2。

表 10-2　生态系统服务价值评估方法的具体分类及其优劣势

方法类型	具体方法	优势	劣势
市场化评估法	市场价格法	较容易获得市场品（如木材、水产品）价格，估值相对准确	市场不完全，政府干预导致价格扭曲
	基于成本的方法，包括避免成本法、机会成本法、替代成本法等	非市场品的成本比收益更容易衡量	该方法假定成本收益是平衡的，但事实并非总是如此
	基于生产的方法，包括生产函数法、收入因子法等	能广泛应用于生产性活动（如捕鱼、农业生产）的价值评估	需要构建资源投入与产出模型，还可能导致重复计算
显示偏好法	旅行成本法	能广泛应用于娱乐型生态系统服务（如森林公园、自然保护区）价值评估	对消费行为有严格假定，评估结果对统计方法很敏感
	内涵价格法	资产价格（如房产）相对容易评估	市场价格扭曲，居民行为被收入制约
效益转移法	单位价值转移；函数转移	是一种节约时间和经费的评估方法；被广泛用于评估较大区域的生态系统服务价值，可评估生态系统的存量总价值	政策点与研究点存在差异，可能存在转移偏误；单位价值会变化，从而不适用于目前的评估

续表

方法类型	具体方法	优势	劣势
状态偏好法	条件价值法	是一种被广泛应用的方法，能评估选择价值和存在价值，并能较好评估总经济价值	从调查实施到结果处理的过程中容易产生诸多偏误
	选择实验法	与条件价值法类似，但应用相对较少	调查问卷设计较为复杂，需要受访者有较好的理解能力

（引自周晨，2018）

参考文献

[1] 梁士楚，李铭红. 生态学［M］. 武汉：华中科技大学出版社，2015.
[2] De Groot R，Fisher B，Christie M. The economics of ecosystems and biodiversity：Ecological and economic foundations［M］. London：Earthscan，2010.
[3] 李文华. 生态系统服务功能价值评估的理论、方法与应用［M］. 北京：中国人民大学出版社，2008.
[4] Ackenzie Aulay，Ball Andy S，Virdee Sonia R. 生态学［M］. 孙儒泳，李庆芬，牛翠娟，等，译. 北京：科学出版社，2000.
[5] 马尔特比. 生态系统管理：科学与社会问题［M］. 康乐，韩兴国，译. 北京：科学出版社，2003.
[6] Odum Eugene P，Barrett Gary W. 生态学基础［M］. 陆健健，王伟，王天慧，等译. 5 版. 北京：高等教育出版社，2009.
[7] 方萍，曹凑贵，赵建夫. 生态学基础［M］. 上海：同济大学出版社，2008.
[8] 傅伯杰，陈利顶，马克明，等. 景观生态学原理及应用［M］. 北京：科学出版社，2001.
[9] 加朗，弗兰克. 全球水资源危机和中国的“水资源外交”［J］. 和平与发展，2010，(03)；66-72.
[10] Stuart Chapin F，Matson Pamela A，Mooney Harold A. 陆地生态系统生态学原理［M］. 李博，赵斌，彭容豪，等，译. 北京：高等教育出版社，2005.
[11] 高吉喜，张林波，潘英姿. 21 世纪生态发展战略［M］. 贵阳：贵州科技出版社，2001.
[12] 戈峰. 现代生态学［M］. 2 版. 北京：科学出版社，2008.
[13] 胡二邦. 环境风险评价实用技术和方法［M］. 北京：中国环境科学出版社，1999.
[14] 黄昌勇. 环境土壤学［M］. 北京：中国农业出版社，1999.
[15] 黄光宇，陈勇. 生态城市理论与规划设计方法［M］. 北京：科学出版社，2004.
[16] 黄铭洪. 环境污染与生态恢复［M］. 北京：科学出版社，2003.
[17] 姜春娜，杜丽娜. 浅论全球气候变暖及其预防对策［J］. 中国环境管理，2009（02）3-4.
[18] 金岚. 环境生态学［M］. 北京：高等教育出版社，1992.
[19] Treweek Jo. 生态影响评价［M］. 国家环境保护总局环境评估中心，译. 北京：中国环境科学出版社，2006.
[20] 鞠美庭，王勇，孟伟庆，等. 生态城市的理论与实践［M］. 北京：化学工业出版社，2008.

[21] 沃科特K A，戈尔登J C，瓦尔格J P，等. 生态系统：平衡与管理的科学［M］. 欧阳华，译. 北京：科学出版社，2002.

[22] 李博. 生态学［M］. 北京：高等教育出版社，2000.

[23] 瑞吉斯特·理查德. 生态城市：建设与自然平衡的人居环境［M］. 王如松，胡聃，译. 北京：社会科学文献出版社，2002.

[24] 李洪远. 生态学基础［M］. 北京：化学工业出版社，2005.

[25] 李洪远，鞠美庭. 生态恢复的原理与实践［M］. 北京：化学工业出版社，2005.

[26] 李季，许艇. 生态工程［M］. 北京：化学工业出版社，2008.

[27] 李莉. 臭氧层的破坏及其影响［J］. 河北理工学院学报（社会科学版），2003，3（增刊）：103-105.

[28] 李明辉，彭少麟. 景观生态学与退化生态系统恢复［J］. 生态学报，2003，23（8）：1622-1628.